KB142815

4~7세
조절하는 뇌
흔들리고
회복하는 뇌

조절 능력·정서 지능으로 키우는 '공부 뇌' 발달 골든타임 육아

4~7세 조절하는 뇌 흔들리고 회복하는 뇌

김붕년 지음

KOREA.COM

들어가는 글

4~7세 학령기 전 뇌 발달 핵심은 '조절 능력'입니다

저를 찾는 부모님들이 참 많아졌습니다. 자녀 양육에 관한 정보가 넘쳐나는 요즘, 대부분의 부모님들은 꽤 전문적인 양육 지식을 갖추게 되었습니다. 내 아이가 잘 크고 있는지, 발달이 제대로 이루어지고 있는지에 대한 부모님들의 관심이 크다 보니, 발달 시기별 기준에 내 아이가 못 미치는 것 같으면 전문가를 찾습니다. 전문가의 견해를 통해 내 아이에게 문제가 있는 것은 아닌지 확인하고, 문제가 있다면 바로잡아 주고 싶은 부모님의 마음을 너무나도 잘 이해합니다.

4~7세 정도의 자녀를 데리고 오는 부모의 상당수는 이런 질문을 합니다.

"우리 아이는 너무 산만해요. 원에서 선생님께 지적을 자주 받고 제가 봐도 가만히 앉아 있지를 못합니다. 혹시 ADHD가 아닐까요?"

0~3세의 자녀를 돌보는 부모는 내 아이가 아무 탈 없이 무럭무럭 잘 자라기를 바랍니다. '무럭무럭 잘 자란다'라는 말에는 신체, 인

지, 정서의 균형 잡힌 발달이라는 의미가 담겨 있죠. 하루가 다르게 몸이 자라고, 부모와의 단단한 애착을 형성하면서 세상은 믿을 만한 곳이라는 마음을 토대로 외부로 호기심을 갖기 시작하고, 표정과 말, 행동으로 의사소통을 하기 시작합니다.

'건강하게만 자라다오'의 마음을 가지고 있다가도, 4~7세 정도가 되면 흔들리기 시작하는 듯합니다. 우리의 '빨리빨리'의 마음이 자녀 양육에도 투영되는 건 아닐까 싶기도 합니다. '이제 슬슬 뭔가를 배워야 할 텐데'라는 생각에 아이에게 숫자나 글자, 언어를 알려 주며 '얌전하게 공부하는 시간'을 갖게 하려고 하죠. 하지만 부모 마음과 다르게 아이는 가만히 있지 않습니다. 공부 비슷한 것만 하려 해도 딴짓을 하고 자리를 떠납니다. 일부 매체나 기업 광고물에서는 '이 시기에는 이 정도 학습은 해야 한다'라며, 마치 이 시기에 특별한 학습을 해야 '적기 교육'이라는 메시지로 부모의 불안을 건드리죠. 그래서 부모 마음은 조급해집니다. 다른 아이들은 학습을 잘 따라가는 것 같은데 그저 뛰어다니느라 바쁜 내 아이에게 문제가 있어 뒤처지는 것 아닐까 하는 불안이 생기기도 합니다.

어린이집이든 유치원이든, 기관에 다니는 것을 어려워하는 아이도 있습니다. 주변에서 '그 기관의 커리큘럼이 좋다' '옆집 아이가 다녔는데 성과가 좋았다'라고 하는 곳에 들여보냈는데, 아이가 다니기 싫다고 하거나 적응하지 못하는 반응을 보이면 부모는 참 답답합니다. 물론 어떤 기관이든 처음에는 아이가 낯설어할 수 있습니다. 하지만 한 달이 지나도 아이가 원에 가는 것을 힘들어하고, 기관에서 아이를 맡아 돌보는 선생님의 피드백도 계속해서 좋지 않으면 내 아이가 '공부를 못하는 아이' '집중력이 부족한 아이'가 되는 것 같아서 마음이 더 어렵고, 몇 년 후 학교에 가서 못 따라가고 뒤처지는 아이가 될까 봐 걱정됩니다.

'가만히 있지 못해서' '놀기만 좋아해서' '도통 학습에 관심이 없어서' 등 이런저런 이유로 아이들이 저를 만나러 옵니다. 얌전한 아이보다는 대다수가 소위 '까부는' 친구들입니다. 제가 있는 곳이 대학병원이다 보니 대기하는 기간이 길어서 저를 만나기까지 오랜 시간이 걸리지만, 안타깝게도 '가만히 있지 못하는' 문제로 온 아이들 상당수는 좀 더 지켜보아야 한다는 의견을 드립니다. 이 시기는 기질과 성향이 더 크게 작용하는 시기이기 때문에 아이의 산만함이라는 행동 패턴을 두고 어떤 질환이 있다는 진단을 내리기가 충분하지 않기 때문입니다.

물론 만 5세가 되면 기본적인 검사는 가능합니다. 하지만 ADHD인지, 기질의 문제인지는 학령기 이후가 되어야 좀 더 분명히 드러납니다. 그래서 학령기 이전에는 검사 결과를 말씀드릴 때 어떤 부분에 문제가 있다는 진단보다는 '아이를 어떻게 지도하면 좋을지'에 더 무게를 두고 조심스럽게 안내합니다. 진단 받고 치료 여부를 결

정하기보다, 부모가 아이를 바르게 이해하고 어떤 방향으로 케어하는지가 학령기 이전의 뇌 발달에 더 크고 중요하기 때문입니다.

저 나름으로는 여러 번 반복해서 설명했다고 생각하는데도 같은 이유로 저를 찾아오는 부모님들의 수가 줄지 않습니다. 학령기를 앞두고 내 아이의 발달과 적응이 염려되는 부모들에게, 일상에서 자녀를 어떻게 도울 수 있는지를 이 책을 통해 알리고자 합니다.

저는 저의 역할을 '호밀밭의 파수꾼'이라고 생각합니다. 드넓은 호밀밭을 뛰노는 아이들이 끝을 모르고 내달리다가 아득한 절벽에 다다르지 않도록, 그 끝에서 아이들을 붙잡아 주는 지킴이가 되는 것입니다. 소아·청소년정신과 전문의는 안내자에 가깝습니다. 위험의 신호를 캐치해서 잡아내는 것과, 안전망 안에서 아이의 성장 발달이 바른 방향으로 가도록 잡아 주는 것입니다. 아이의 특정 행동 패턴을 두고 눈에 보이지 않는 어딘가가 아픈 것은 아닐까 관찰하고, 때로는 불안에 압도되어 양육의 방향이 흔들리는 부모에게 객관적인 눈으로 상황을 살피고 어떠한 방향으로 가야 하는지 알려드리기도 합니다.

유·소아기 아이가 소아·청소년정신과의 치료가 필요한 경우라고 진단받은 상황이라면, 안타깝지만 피부에 난 상처가 아물듯 단기간에 눈에 띄게 좋아지지 않습니다. 정신치료, 놀이치료, 때로는 약물치료를 병행하지만 병원에서 해줄 수 있는 처방과 치료의 시간은 짧습니다. 아이와 오랜 시간을 함께하는 양육자의 돌봄과 케어가 어찌 보면 더 중요합니다. 그래서 더더욱 부모의 양육 방향을 점검하고 안내해 드리고자 합니다.

진단을 받고 치료받아야 하는 아이이든, 정상 발달 과정으로서 그저 활발한 아이이든 간에 집과 기관, 학교에서의 돌봄과 케어는 아이에게 매우 중요한 발달 환경입니다. 그래서 우리는 아이에게 더 좋은 양육 환경을 주기 위해 공부하고 정보를 찾느라 분주한지도 모릅니다.

'내 아이가 어딘가 아픈 것은 아닐까' '부모인 내가 아이에게 어떤 도움을 줄 수 있을까' 이러한 걱정의 이면에는 '내 아이가 잘 컸으면 좋겠다' '학교에 가서도 공부 잘하고 똑똑한 아이로 자랐으면 좋겠다'라는 바람이 있을 것입니다. 자녀를 돕고, 응원하는 부모님의 마음을 지지합니다. 이러한 우리 부모들의 자녀 양육에 대한 열정, 발달에 대한 지원은 아이들이 잘 자라는 데 있어 좋은 자양분이 된다고 생각합니다. 다만 그 방향을 모르는 부모들을 위해, 아이가 가진 잠재력을 제대로 발휘하도록 뇌 발달을 이해하고 그 과정을 도울 방법을 전하고자 합니다.

서문만 읽고 이 책을 덮을지 모르는 부모들을 위해, 결론을 미리 전해 둡니다. 4~7세의 뇌는 조절 능력을 키워 가는 시기입니다. 조절 능력을 담당하는 뇌가 발달하는 과정은 완성이 아니기 때문에 다소 불안합니다. 이 불안한 시기를 부모가 잘 케어해 주어야 아이는

무난하게 학교 생활에 적응할 수 있을 만큼 성장합니다. 0~3세에는 아이의 신체, 언어, 정서 발달에 관심을 두었다면, 4~7세에는 아이의 관심사를 관찰하고 훈육을 통해 경계선을 제시하면서 아이의 조절 능력을 조용히 따라가는 시기입니다.

이 시기 자녀를 둔 부모에게 당부드리고 싶은 것은, 아이가 자신을 마음껏 표현하고 발산하도록 지켜봐 달라는 것입니다. 그것이 이 시기 뇌 발달의 핵심이고, 걱정스러운 마음에 저를 찾는 부모들, 오늘도 내 아이의 똑똑한 뇌를 위해 여러 정보를 검색하며 불안해하는 부모님들에게 꼭 드리고 싶은 말씀입니다.

드넓은 호밀밭의 끝에는 절벽이 있지만, 절벽이 위험하다고 아이들을 집에만 두지는 않았으면 좋겠습니다. 아이들이 건강하게, 자기를 마음껏 표현했으면 좋겠습니다. 절벽의 끝에서 아이들을 안전하게 막아주는 울타리가 될 우리 부모님들을 응원합니다.

—저자 김붕년

차례

PART 2

4~7세에 키우는 정서 지능, **공부하고 싶은 마음 그릇**

PART 3

조절 능력과 정서 지능을 만드는 **좌절을 견디는 힘**

PART 4

습관과 몰입으로 만드는 **효율적인 뇌**

PART 5

공부 마라톤을 달릴 수 있는 힘, **지능을 실행하는 뇌**

PART 1

4~7세에 키우는 조절 능력, 공부하는 뇌의 기초공사

CHAP 1. 유아에서 아동으로, 새로운 문을 여는 시기

새로운 발달이 시작되는 4~7세

0~3세, 우리 나이로 네 살까지 그야말로 부모는 정신이 없습니다. 하루하루가 다르게 부쩍 키와 몸이 자라는 아이를 케어해야 하고, 콧물과 기침 같은 여러 감염병으로 소아과를 드나들 일도 많습니다. '미운 네 살'이라는 고비를 지나면서는 아이의 행동에 흥분하지 않고 바르게 훈육하려면 부모 자신의 멘탈도 단단히 붙들어 두어야 하죠.

그런데 신기하게도 만 4세 즈음이 되면 문득 '아이가 많이 컸네' 싶은 생각이 듭니다. 아이가 자기주장을 나름 또박또박 말로 표현하고, 호기심이 많아서 질문이 늘고, 부모밖에 모르던 아이가 친구에게로 눈을 돌리고, 글자나 숫자에도 관심을 보입니다. 예전에는 주로 감기와 같은 감염병으로 고생했다면, 이제는 온 사방을 뛰어다녀서 넘어지고 까지고 부러지는 물리적 상처에 더 주의하게 되는 시기입니다. 그런 아이를 가만히 살펴보면 '내 아이다운' 특징이 더 잘 보입니다. 그렇게 관찰하다 보면 아이가 새삼 새롭게 보이고, '이제 유치원 다녀도 되겠다' 싶죠.

잠깐 연령에 대해 정리하고 이 책을 시작하겠습니다. 일반적으로 발달 시기를 0~3세(0~48개월)의 유아기와 4~7세(49~84개월)의 아동기로 구분하는데, 0세를 포함한 것에서 알 수 있듯이 이는 만 나이를 기준으로 정리한 것입니다. 만 6세에 초등학교에 입학한다고 보면, 이 책에서 말하는 만 4~7세는 우리 나이로 대략 초등학교에 입학하기 이전의 2~3년(5~7세), 입학 후 1~2년(8~9세)까지 넓게 볼 수 있습니다. 아이가 새로운 문을 여는 시기죠. 아이가 변하니, 부모의 양육 전략도 새롭게 점검할 때입니다.

이렇게 새로운 문을 열기 시작하는 4~7세의 자녀를 양육하는 방향을, 저는 이렇게 전하고 싶습니다.

'아이가 가진 잠재력을 활짝 열어서, 학령기라는 언덕을 잘 오르도록 준비해 주는 것.'

0~3세의 뇌는 세상에 태어나 살아남는 데 필요한 신체, 정서, 인지를 발달시켜 갑니다. 먹고, 자고, 보고, 부모에게서 신뢰를 느끼는 모든 과정이 뇌의 발달에 따른 반응인 것이죠. 0~3세에 신체, 정서, 인지를 안정적으로 발달시키다 보면, 4~7세부터는 좀 더 수준 높은 차원의 발달로 들어설 준비를 합니다. 신체, 정서, 인지 능력을 한층 정교하게 키우면서, 세상에 잘 적응할 수 있도록 '조절 능력'도 키워

가는 것입니다.

조절 능력은 그저 잘 참는 능력이 아닙니다. 욕구를 억누르는 능력이 아니에요. 자신의 정서, 태도, 반응, 행동 패턴 등을 상황에 맞게 적정하게 표현할 수 있는 능력입니다. 조절 능력이 잘 발달해야, '공부'와 '학교 적응'이라는 학령기의 과업을 무난하게 해낼 수 있게 됩니다.

공부 잘하는 뇌를 만든다는 것

내 자녀가 '공부 잘하는 아이'로 자라길 바라지 않는 부모가 있을까요? 그런데 과연 '공부를 잘한다'는 의미가 무엇인지에 대해서도 생각해 본 적이 있나요? 부모로서 이 부분을 진지하게 생각해 본다면 자녀의 학령기를 건강하게 지나도록 안내하는 데 도움이 된다고 생각합니다. 많은 부모가 '공부'를 잘못 이해해서, '그저 열심히'만 하라고 강요하다가 아이도 부모도 힘든 시기를 많이 겪기 때문입니다.

공부를 잘한다는 것에는 참 많은 조건이 필요합니다. 공부를 잘하려면, 일단 아이의 뇌가 학습을 해낼 수 있도록 발달해야 합니다. 학습하는 내용을 저장하고, 그것을 제때 꺼내서 써먹을 수 있는 저장 능력이 필요합니다. 저장하려면 해당 내용을 이해하는 인지 능력이 필요합니다. 뭔가를 이해하기 위해서는 해당 지문을 읽고 쓰는 문해력과 집중력이 필요하고요. 집중력을 가지려면 일단 차분히 착석할 수 있는 신체 조절 능력이 필요합니다. 나가고 싶은 마음을 누르려면 '놀고 싶다'보다 '공부하자'라는 마음이 더 크게 다가오도록 동기도 필요합니다. 정서적으로 안정되어야 공부하려는 동기를 갖고 학습 내용에도 집중할 수 있기에 정서 지능도 필요합니다. 정서 지능의 바탕에는 어려서부터 쌓아온 자기긍정감을 심어 줄 경험이 쌓여야 합니다. 자기긍정감을 통해 한두 문제를 틀리고 몇 번 좌절하더라도 다시 일어날 수 있는 회복탄력성도 키워 갑니다.

이뿐인가요. 학교에 다니면서 '공부를 잘하는 아이'로 인정받으려면, 그저 학습만 잘하는 것으로는 부족합니다. 친구들과 원만하게 소통할 수 있는 사회성이 발달해야 하고, 사회성이 발달하려면 공감능력이 자라야 합니다. 소통하는 것을 넘어 친구들을 설득하고 이끌 수 있는 리더십도 필요합니다. 자신이 아무리 체육을 싫어해도 일정 부분 노력해서 적정의 신체 능력을 키워야 하고, 아무리 음악과 미술에 관심이 없고 소질이 없다고 생각해도 반복하는 과정을 통해 적정의 예술적 감각을 키워내야 합니다. 여러 수행평가를 잘 해내려면 일상의 다양한 부분을 관찰하고, 호기심을 가져야 하고, 그것을 남들에게 발표하고 설명할 수 있는 표현력도 필요합니다.

아마 이것이 다는 아니겠지요. '공부'라는 과정에 있어 이는 아주 일부에 불과할 것입니다. 우리가 '공부 잘하는 아이'로 키운다는 목표를 둘 때 암기 능력, 인지 능력만 생각한다면 나머지의 수많은 능력을 놓치게 됩니다. 어렵게 '다중지능' 내지는 '지능검사 항목'을 줄

줄 읊지 않아도, 우리가 초·중·고등학교를 지나면서 수행한 여러 경험과 과정을 떠올려 보세요. 우리 아이가 앞으로 발달시켜야 할 것들이 이토록 많습니다.

여기까지만 읽으면, '그러면 인지 능력, 문해력, 조절 능력, 회복탄력성 등등을 어떻게 키워야 하지?'라고 하나하나 뜯어보려는 마음이 들 수 있습니다. 지금 우리에게 주어진 4~7세라는 아동기의 과업은 이 모든 것을 키우고 다듬고 발달시킬 수 있는 공부의 기초체력을 만드는 것입니다. 그래서 하나하나의 능력을 개별적으로 건드리고 발달에 도움이 될 도구를 제공하기보다, 원하는 것을 잘 담아낼 수 있도록 뇌를 고르게 경작하여 준비하는 시기라고 볼 수 있습니다.

공부력은 4~7세의 조절 능력에서 싹튼다

조절 능력은 공부 잘하는 아이의 그릇을 만들어 내는 기초가 됩니다. 그래서 아이가 본격적으로 학업을 시작하기 전에, 조절 능력이 자라는 뇌를 잘 발달시켜야 합니다. 4~7세를 조절 능력이 자라는 핵심 시기라고 전하면, 많은 부모가 이렇게 오해합니다.

'아이가 잘 참아낼 수 있게 되는 거구나.'

억누르는 것은 조절 능력의 핵심이 아닙니다. 정서, 인지, 행동을 조절하는 능력이 자란다는 것은, 화가 나도 차분하게 말하고 밖에 나가서 놀고 싶어도 얌전하게 앉아 있는 것이 아닙니다. 조절 능력이 자란다는 것은, 아이가 자기의 욕구와 의사를 표현할 수 있고 원하는 것을 얻기 위해 설득하려고 자신의 행동과 태도를 조절한다는 것입니다. 이 상황에서 왜 그것을 하는지 이해하고 그렇게 해보려고 노력한다는 의미입니다.

무엇보다, 4~7세가 조절 능력이 핵심적으로 발달하는 시기이긴 하지만, 이 발달이 '완성'이라는 의미는 아닙니다. 조절 능력은 아마 평생에 걸쳐 이루어질 것입니다. 조절 능력을 다루는 전두엽의 발달이라는 의미를 넘어서, 사회에 더 좋은 구성원으로, 더 좋은 어른으로 성장해 나가는 의미로 확장한다면 평생의 과업이겠죠. 그러므로 4~7세 아이들에게 '완성'된 모습을 기대할 수는 없겠지요.

분명 이 시기에 '조절 능력'을 사용하기 시작합니다. 아이의 귀에 부모와 교사의 지침이 들리게 됩니다. 만 4세 이전에도 '안 돼'라는 지침과 훈육은 있었지만, 그때는 아이가 반사적으로 멈추는 정도였다면, 이제는 그 내용을 이해할 수 있는 연령이 되었습니다. 그래서 이제부터는 '안 돼'에 따르는 이유를 잘 설명해 줄 필요가 있습니다. 때로는 아이가 먼저 "왜 안 돼?" 하고 묻기도 합니다.

조절 능력이 건드려지면서 앉아 있을 수 있는 시간도 조금씩 늘어납니다. 좋아하는 블록 조립이나 퍼즐 맞추기, 도미노 쌓기와 같은 활동에 꽤 오래, 30분 넘게도 집중할 수 있게 되죠. 그렇다고 본격적으로 공부에 집중할 수 있다는 이야기는 아닙니다. 숫자나 글자에 호기심을 가지고 있다면 그 과정에 집중하는 아이도 있겠지만, '배워보자!'라는 마음보다는 '재미있겠다!'라는 마음으로 자기가 '선택'해서 그 활동을 하는 시기입니다. 그래서 '학습'보다는 '놀이'의 측면으로 아이의 조절 능력을 발전시킬 방법을 고민해 볼 때입니다.

조절 능력이 건드려지면서 감정을 스스로 절제시키는 능력도 생깁니다. 0~3세에는 한번 울음이나 떼를 쓰기 시작하면 부모나 교사가 다독여 주어야 하고, 그치기까지 오래 걸렸습니다. 하지만 4~7세는 혼자 시간을 가지면서 감정을 누그러뜨리는 방법을 알아 갑니다. 적당히 포기할 줄도 알게 됩니다.

조절 능력이 건드려지면서 친구와 함께하는 협동 놀이나 경쟁 놀이의 재미도 알아갑니다. 0~3세에는 마음에 들지 않는 상황에 무조건 감정이 폭발하고, 제 마음대로 상황을 주도해야 했기 때문에 제멋대로인 모습을 어른이 아니라면 받아 줄 수 없었죠. 그래서 0~3세의 고만고만한 아이들이 만나면 결국 서로 장난감을 빼앗고 뺏기는 싸움으로 끝나기 쉽습니다. 하지만 4~7세는 상대가 뭐라고 하는지 듣고, 놀기 위해 일부분 양보할 줄도 알게 됩니다. 일부를 포기해도 아주 속상하지 않을 정도로 조절 능력이 자란 것입니다.

이처럼 조절 능력은 욕구를 억지로 억누르는 것이 아닙니다. 더 재미있는 것을 하기 위해 다른 부분을 포기하는 선택 능력trade off에서 시작됩니다. 참았을 때 더 좋은 것, 더 좋은 기분을 느끼는 경험이 쌓이면, 다른 일에서도 참고 해보겠다는 마음이 점점 더 커집니다. 그렇게 더 좋은 선택을 고민하고 참고 포기도 하는 시간이 늘면서 훈련이 되는 것입니다. 발달은 이렇게 서서히, 자연스럽게 진행

됩니다.

그리고 하나 더, 발달은 아이가 선택하는 방향으로 갈 때 더 원만하게 이루어집니다. 뇌의 각 부위는 어느 한 부분만 별개로 발달하지도 않습니다. 도미노처럼 서로 영향을 미치죠. 그리고 아이는 저마다 다른 모습으로 자랍니다. 다음 장에서 이에 대해 살펴봅시다.

CHAP 2. 마음껏 내달려야 발달하는 뇌

아이의 뇌는 자기에게 가장 맞는 방법을 선택한다

영아기부터 유아기를 지나는 동안 우리 아이의 뇌는 얼마나 놀랍게 발달하는지 모릅니다. 부모의 상당수는 아마 0~3세가 그렇게 놀라운 시기인 줄도 모르고 지나갔을 것입니다. 특히 첫 아이면 여유없고 정신없고 체력의 한계를 느꼈을 테니까요. 그런데 부모의 수고만큼 아이는 참 열심히 발달했습니다. 태어나서 4년 동안 얼마나 멋지게 발달했는지 설명해 드릴게요.

이제 막 태어난 아기의 뇌는 모든 가능성을 안고 태어난 것처럼, 뇌세포가 어른보다 두 배 이상 많습니다. 아이는 자신이 어떤 환경에서 태어날지 모르거든요. 그래서 여유 있게 만반의 준비를 하고 나온 것이죠.

양육자를 만나 세상에 적응해 나가는 4년 동안, 아이의 뇌에서는 신경세포와 시냅스를 다듬어가기 시작합니다. 위치가 잘못되거나 활용되지 않는 신경세포부터 솎아내게 되는데, 이를 '세포자연사멸apoptosis'이라고 합니다. 뇌 손상을 입어서 세포가 죽는 것이 아니라 효율적인 뇌를 위해 구조적으로 불완전한 세포를 자연스럽게 죽이는 것입니다. 시냅스도 마찬가지입니다. 아이가 태어나서 보고, 듣고, 먹고, 자고, 양육자와 소통하는 여러 경험의 양과 질에 따라서 특정 연결망은 더욱 견고해지고, 자주 사용되지 않는 연결망은 잘라냅니다. 이를 '가지치기pruning'라고 합니다.

뇌세포가 자연사멸하고 연결망을 가지치기하는 것은 아이가 좀 더 세상에 잘 적응하도록 영양분을 몰아 주어 뇌 효율성을 높이는 작업입니다. 뇌의 가용량과 제공받는 에너지에는 한계가 있는데, 모든 세포와 모든 회로에 동일하게 에너지를 쏟는다면 전류가 아주 약하게 흐르게 됩니다. 에너지가 부족하면 발달 속도도 더딜 것입니다. 그래서 불필요한 부분은 끄고, 자주 쓰지 않는 회로는 자릅니다. 그리고 자주 쓰고 더 환하게 비춰야 하는 부분에 에너지를 집중해 줍니다. 엄청나게 넓고 가지가 우거진 정원에서 정원사가 하나씩 나무를 다듬고 길을 내듯, 아이의 뇌도 4년 동안 부지런히 일해 온 것입니다.

아이의 뇌 발달은 아이의 행동만 보아도 잘 알 수 있습니다. 갓 태어난 아기는 자기 손을 제어할 줄 모릅니다. 의미 없이 허우적거릴 뿐이죠. 그러던 어느 날, 속싸개에 넣어둔 손을 빼 만세 자세를 하고 자기에게 편한 자세를 찾습니다. 젖병을 만지작거리던 손이 어느 날은 젖병을 제 손으로 잡고 먹습니다. 치발기를 쥐어 주면 입에 가져가고 싶은데 제어가 잘 안 되어서 눈에 갔다 코로 갔다 했는데, 불과 며칠 뒤에는 '척' 하고 치발기를 입으로 가져가 쪽쪽 빱니다. 손을 제 마음대로 제어할 수 있게 되면, 점점 뭔가를 쥐고 움직여 보면서 소근육의 힘을 키우고 물체마다 다른 촉감에 관심도 가집니다. 촉감에 관심이 커지면 입으로 가져가 좀 더 적극적으로 탐색하죠. 나아가 단단하고 튼튼한 뭔가를 손으로 탁 짚고는 일어서면서 대근육도 적극 발달시켜 갑니다.

이 과정에서 부모가 뭔가를 시킨 것이 있나요? '뒤집기' '앉기' '걷기'를 양육자가 시켜서 하는 아이는 없습니다. 그저 아이가 자기 발달에 필요한 과정을 선택해서 수행해 냈습니다. 아이의 뇌는 어디로 발달해야 하는지 너무나 잘 아는 듯, 하나를 해내면 다음의 과제를 향해 도전합니다. 더 재미있는 세상을 탐색하고 경험해 가면서 아이의 발달도 착착 진행되어 갑니다.

0~3세의 뇌 발달에서 보았듯, 아이는 자기의 발달 방향을 선택하고 스스로 발견해 나갑니다. 이때 부모는 주변에 위험한 것들을 치워 주고, 필요한 영양분을 제공하고, 아이가 관심을 가지는 것을 더 깨끗하게 관리해서 안전하게 제공해 주는 역할을 합니다. 그렇다면 4~7세는 어떠한가요? 이전에는 아이가 선택해서 길을 닦아 왔는데, 갑자기 부모의 주도하에 부모가 제공하는 쪽으로 발달의 방향을 맞춰 가게 될까요?

잠깐 아기 사자를 상상해 봅시다. 포유동물은 태어난 지 수분 내지는 몇 시간 만에 혼자 일어섭니다. 어미 동물은 그저 부지런히 아기 동물을 핥아 줄 뿐입니다. 어미 사자가 아기 사자를 불러서 밥 먹으라고 시키지 않아도 아기 사자가 본능적으로 어미 사자 품을 찾아가 젖을 빱니다. 아기 사자가 젖을 떼고 어느 정도 자라면 어미 사자와 사냥을 나갑니다. 처음에는 혼자서 사냥을 못하지만, 아기 사자는 부지런히 어미 사자가 사냥하는 모습을 학습합니다. 그리고 어느 날 자기 힘으로 사냥을 해내죠. 그렇게 아기 사자는 어른 사자가 됩니다.

인간도 그렇습니다. 아이는 본능적으로 자기가 살아갈 방향을 알아채고 필요한 것을 학습하려고 합니다. 0~3세는 자기의 시야 만큼 이동하고 그 안에서 보고 듣고 움직이는 것에 관심을 가집니다. 주로 신체 발달을 중심으로, 즉 신체가 자라고 근육이 발달하고 대근육과 소근육의 조율을 이루는 과정과 근육운동과 감각기관(처음에는 특히 눈)의 협조와 통합을 배우면서 세상을 학습합니다. 4~7세의 시야는 눈에 보이지 않는 저 너머로 넘어갈 수 있게 됩니다. 상상한 것을 눈으로 확인하고 싶어서 이동 반경이 넓어지고 더 새로운 자극을 탐색해 나가면서 세상을 학습합니다. 4~7세의 뇌에서는 세상으로 나가 부지런히 많은 것을 보고 배우라는 신호를 보냅니다. 보고 경험하는 것만큼 큰 학습은 없거든요. 몸의 에너지는 그러한 호기심을 뒷받침해 줄 만큼 엄청나게 커지고, 키와 근육은 더 쑥쑥 자라고 장기들은 강해집니다.

그런데 방해물이 생깁니다. 아이가 많이 컸다고 생각하는 부모입니다. 아이의 뇌에서는 세상으로 나가서 많은 경험을 쌓으라고 신호를 보내는데, 우리 부모는 아이에게 이제 컸으니 공부해 보자며 붙잡아 두려고 합니다. 인지 발달이 이루어지고 있고 지적 호기심도 늘고 있으니, 좋은 교구와 교재로 아이의 발달을 응원하려는 부모의 마음이겠죠. 이러한 부모의 관심과 방향에 아이도 흥미를 느낀다면 베스트입니다. 그러면 아이는 신나게 부모가 제공하는 교구들을 활용해 새로운 경험을 쌓아갈 것입니다. 그런데 이런 경우가 흔치는 않습니다. 아쉽게도 아직은 아이들의 조절 능력이 '가만히 있기'와는 거리가 멉니다. 새로운 것을 제 몸으로, 제 감각으로 찾고 경험하고 싶어 하죠. 바로 '놀이 본능'입니다.

놀이하는 뇌가 참아내는 뇌를 만든다

아이가 나가고 싶어 한다면, 나가고 싶어 하는 마음을 지지해 주는 것이 좋습니다. 그냥 정서적으로 부모가 아이 편을 들어 주니 좋다는 것이 아닙니다. 아이의 뇌에서 보내는 신호와 욕구가 충족되어야, '와! 진짜 신난다! 엄청나게 재미있다!'는 마음이 활성화되어야, 그런 마음을 주도하는 '흥분성 뉴런'이 조절 능력을 주도하는 '억제성 뉴런'을 자극합니다.

인간의 뇌는 크게 흥분성 뉴런(신경세포)과 억제성 뉴런의 두 가지 흐름으로 갑니다. 뇌의 구조상 흥분성 뉴런이 가장 먼저 만들어지는데, 이 부위가 잘 발달해야 뇌의 다른 부위도 잘 발달하기 시작합니다. 흥분성 뉴런은 말 그대로 행동과 정서를 표출하게 만들면서 뇌를 활성화시킵니다.

4~7세를 전기와 후기로 나눈다면, 전기인 4~5세에는 흥분성 뉴런이 억제성 뉴런보다 더 우위에 있다가 6~7세부터 서서히 억제성 뉴런이 자리 잡아 흥분성 뉴런과 균형을 맞추기 시작합니다. 서로 연결된 신경망이 활성화되면서 억제성 뉴런이 흥분성 뉴런을 조절하는 능력을 키워 갑니다.

억제성 뉴런을 자극한다는 것은 성장하는 인간을 만드는 핵심 부위인 똑똑한 뇌, 전두엽을 깨우는 것과 비슷합니다. 전두엽은 4~7세부터 슬슬 건드려지다가 만 10세 이후의 청소년기에 본격적으로 엄청난 가지치기를 통해 정교화된 발달이 이루어지죠. 4세부터는 살살, 툭툭 전두엽을 깨우기 시작합니다. 무엇으로 깨울까요? 신나는 것, 재미있어하는 것으로 흥분성 뉴런이 자극되면서 억제성 뉴런과 연결된 길(시냅스)에 반짝반짝 불이 들어옵니다.

4~7세 아이에게 '신나는 것' '재미있는 것'은 주로 '신체 활동'입니다. 아이가 잠시도 가만히 있지 못하고, 집에 있으면 심심하다고 하고, 엄마아빠에게 잡기 놀이, 간지럼 태우기, 캐치볼 등으로 같이 놀아 달라고 하고, 자전거나 킥보드를 타며 새로운 기구에 도전하고, 자기 상상력을 마음껏 펼치는 상상놀이를 하는 것 등은 모두 아이의

뇌에서 보내는 신호에 반응하는 것임을 이해해야 합니다. 아울러 엄청난 활동성은 흥분성 뉴런이 발달하고 있다는 신호입니다. 그러니 '우리 애가 얼마나 똑똑해지려고 이렇게나 열심히 노나? 기특하다!' 라고 해석한다면, 아이의 마음을 지지해 주게 될 것입니다.

억제성 뉴런이 똑똑해지는 뇌를 만든다면서, 왜 흥분성 뉴런이 발달해야 하는 걸까요? 흥분성 뉴런은 감정적이고 나쁜 뇌, 억제성 뉴런은 이성적이고 좋은 뇌가 아닙니다. 뇌는 이분법으로 나눌 수가 없어요. 뇌의 어느 부위든 받아야 하는 자극의 양이 부족해서 발달이 더디면, 다른 뇌에 부정적 영향을 미치고 이는 결국 신체, 인지, 정서에 문제 양상을 보이게 됩니다.

우리의 뇌는 측두엽 발달 완료, 대뇌 발달 완료, 전두엽 발달 완료, 이렇게 부위별로 딱 끊어서 진행되지 않습니다. 유기적으로 연결된 촘촘한 신경망이 서로 영향을 주고받으며 발달하죠. 연령별로 어느 한 부위가 중점적으로 발달하고 있어도 다른 부위에서 업데이트되는 신호를 받으면서 같이 발달합니다.

그래서 흥분성 뉴런도 잘 발달해야 합니다. 흥분성 뉴런이 활성화되고 발달하면서 다른 뇌 부위에게 일할 준비를 하라고 깨우는 것이니까요. 해마, 편도체는 본능적인 감정을 담당하는 부위입니다. 위협적인 뭔가가 왔을 때 두려움을 느끼는 것이 바로 이 뇌에서 담당하는 역할입니다.

'두려움, 위기감을 느끼는 뇌'는 덜 자극되고 덜 발달해야 한다고 생각할 수도 있는데, 정반대입니다. 무엇이 내게 위협이 되는지 잘 알아차려야 나를 보호할 수 있습니다. 뭔가가 나를 위협하면 도망치거나 맞서야죠. 이것은 생존에 아주 기본이 되는 뇌의 기능입니다. 그래서 뇌에서 가장 먼저 만들어지고 발달하는 부위입니다.

이 부위에서 나오는 감정도 마찬가지입니다. 두렵다, 싫다, 밉다, 무섭다 등의 부정적인 감정들은 없애야 하고 억눌러야 하는 감정이 아닙니다. 정서 지능을 다루는 부분에서 다시 언급하겠지만, 이런 감정들을 있는 그대로 느끼고 인지해야 그것을 다루는 조절 능력이 자랍니다. 부정적 감정은 외면, 무시가 아니라 다루어야 하는 감정임을 기억하세요.

4~7세 아이의 에너지 발산 욕구를 계속해서 억누른다면 어떻게 될까요? 흥분성 뇌가 활성화되어야 억제성 뉴런과의 연결망도 더 강화될 텐데, 에너지를 발산하지 못한다면 이 회로들이 활성화되기는 힘들어지겠죠. 흥분성 뉴런과 억제성 뉴런 간에 소통이 안 됩니다. 그래서 욕구가 억눌리면 억제성 뉴런의 조절 능력을 방해합니다. '가만히 있으라고? 나는 더 놀고 싶은데 왜 내 마음을 방해해!' 이런 불만이 솟구쳐 오르게 됩니다.

그래서 4~7세 뇌 발달의 핵심은 '아이의 마음이 충족될 때까지 몸으로 노는 것이 똑똑한 뇌를 만든다'입니다. 아이가 가진 넘치는 에너지를 충분히 발산하게 해주세요.

뇌과학적으로, 공부 잘하려면 실컷 놀아야 한다

"지금도 충분히 발산한다고 보이는데요? 가만히 있지를 못한다니까요?"

아이가 가진 에너지가 얼마나 많은지, 대체 얼마나 놀아야 '해소되었다'는 기분이 드는지 궁금할 때가 있습니다. 우리 나이로 다섯 살부터 초등 저학년까지는 그야말로 '에너자이저' 같은 시기죠.

저와 저희 서울대병원 연구팀이 2012년부터 2013년까지 서울시 아파트형 어린이집을 다니는 50여 명의 48~60개월 남자아이 활동량을 측정한 적이 있습니다. 아이들에게 만보기와 같은 측정기를 달게 하고 하루에 얼마나 많이 움직이는지 측정했는데요. 그 결과는 놀랍게도 하루 평균 6~10킬로미터였습니다. 감이 안 오는 분들을 위해 설명하자면, 서울역에서 출발해서 한강을 건너 양재까지의 거리가 9킬로미터입니다. 이 거리만큼을 하루에 이동하는 것입니다. 게다가 아이들은 걷지 않고 뛰어다니죠. 우리는 어른들의 체력을 기준으로 '이만큼 놀았으면 됐겠지'라고 추측하겠지만 오산이었습니다.

"공부 잘하는 방법 알려달라고 했는데 실컷 놀라고요?"

사실이 그렇습니다. 조절 능력을 만드는 바탕이 '신체 활동'입니다. 조절 능력뿐이 아닙니다. 우리가 '똑똑하다' '공부를 잘한다'라고 말하는 인지 능력뿐 아니라 공부하고 싶다, 공부해야겠다는 동기를 만드는 정서 지능, 끝까지 해보겠다는 마음 등이 모두 충분한 신체 활동을 경험하면서 쌓입니다. 그래서 신체 활동이 곧 '공부의 기초체력'입니다.

외국의 한 유치원에서 이를 증명한 좋은 사례를 보여 주었습니다. 이 유치원의 내부는 사방의 벽면을 모두 스펀지로 둘러놓았습니다. 그리고 아이들을 여러 그룹으로 나누고 등원 시간을 1시간 단위로 서로 다르게 정했습니다. 아이들은 등원하자마자 50분간 신나게 놀았습니다. 교사와 몸으로 실컷 놀면서 잡고 잡히고 뒹굴고 도망치다 벽에도 쿵쿵 부딪힙니다. 이렇게 정말 온전히, 열정을 다해 신체 활동을 50분간 하고 나서 10분은 휴식을 취했습니다. 그러고 나서 착석이 요구되는 정적인 프로그램을 진행하더군요. 아이들은 정적인 활동에 어떻게 반응했을까요? 놀랍게도 몸놀이를 한 아이들은 교사의 말에 귀를 기울이고 집중하는 모습을 보였습니다. 그렇게 앉아서 집중하는 시간이 일반 유치원의 아이들보다 훨씬 길었습니다. 몸으로 에너지를 발산하려는 욕구가 해소되면서 침착하게 집중하는 능력이 향상된 것입니다.

신체 활동을 통해 키가 자라고 몸이 튼튼해지고 폐활량만 느는 것이 아니라, 자신의 욕구를 잘 알아주는 부모에 대한 좋은 감정으로 정서 지능을 키우고, 조절 능력을 자극해 오래 앉아 있는 힘을 키웁니다. 놀이의 과정에서 친구들과 투닥거리기도 하고 양보하기도 하면서 사회성을 키우면, 이는 학교생활을 무난하게 해나갈 자양분이 됩니다. 신체 활동이 공부 잘하는 뇌를 넘어 소통하는 뇌를 만든다는 것을 이해했다면, 얌전한 시간보다 뛰노는 시간을 갖고 싶어 하는 아이의 마음에 귀 기울이고 응답할 것입니다. 부디 이 책을 읽고, 공동생활주택 안에서 '뛰지 마'라는 소리를 자주 듣는 우리 아이가 밖으로 나가 놀고 싶다고 말할 때 귀 기울여 주고 지지해 주기를 기대합니다.

CHAP 3. 학령기를 단단하게 맞이하려면

'처음학교' 앞두고 조급해지는 부모들

"아이가 원하는 방향과 부모가 원하는 방향이 같다면 좋지만, 서로 방향이 다르다면 어떻게 해야 할까요?"

이 질문은 4~7세의 아동기에서 시작해 사춘기를 지나, 자녀를 독립시키기 전까지 계속 이어질 것입니다. 4~7세는 아이의 진로를 안내하는 방향성의 첫 단추를 끼우는 셈이죠. 부모는 자신이 경험한 시행착오와 노하우를 아이에게 알려 주고 싶어 합니다. 때로는 누가 봐도 말이 안 되는 길을 선택하려는 자녀의 모습이 안타까워 강제로라도 말리려고 합니다. 그런데 우리는 자녀를 독립된 주체로 설 수 있도록 키워야 합니다. 자녀가 독립된 주체로 서려면, 그럴 수 있는 능력과 건강한 마음, 자기 자신에 대한 신뢰가 있어야 합니다.

4~7세부터 키워야 하는 건 자율성과 '자기 자신에 대한 신뢰'입

니다. 아직 자기를 바라보는 눈인 자아상이 확립되지 않은 아동기의 자녀는 자신을 어떻게 볼까요? 크게 두 가지입니다. '부모가 나를 보는 눈'과 '자기가 선택한 것에서 성공하는 경험'입니다. 특히 여기서 우리는 '성공하는 경험'이 아니라 '자기가 선택한 것'에 주목해야 합니다.

아이가 유아기일 때는 부모들이 칭찬에 후합니다. '사과' '포도'라고 단어만 말해도 박수치며 잘한다고 해주니까요. 그런데 언젠가부터 아이가 해낼 수 없으면서 "내가 할 거야!", 실수하면서도 "내가!"를 외치는 '내가! 내가!'의 시기가 옵니다. 스스로 해보지 않으면 결코 제 것이 될 수 없다는 것을 뇌가 잘 알기에 나오는 반응입니다. 뇌가 잘 발달하고 있다는 증거입니다. 그래서 아이는 자기가 해보려고 합니다. 아이가 시도하는 대부분이 실패한다고요? 상관없습니다. 아이는 다시 반복합니다. 마치 넘어져도 또 도전하면서 걸음마를 배우던 유아의 모습과 같습니다.

복병은 부모죠. 아이가 주전자의 물을 따르겠다고 하는데 컵에 따르지 못하고 테이블에 줄줄 쏟습니다. 같이 식사할 때마다 자기가 하겠다고 하지만 번번이 실패하는데, 매번 웃으면서 "잘했어! 그게 좀 어려운 거야, 다음에 또 해봐"라고 응원할 부모가 얼마나 될까요? 대부분은 아마도 "그만해라, 또 쏟을 거잖아!"라고 사전에 말리거나, "조심하랬지!"라며 화낼 것입니다.

그런데 아이는 결국 해냅니다. 아이가 잘 못하던 것을 드디어 성공했을 때, 엄청나게 뿌듯한 표정을 지으며 부모에게 칭찬을 요구하던 그 순간의 경험이 다들 있으시죠? 양육이 어렵다고 느껴지면 그 순간을 자주 떠올리세요. 화를 누르고 응원의 마음을 키우는 데 생각보다 매우 도움이 됩니다.

이 시기에 기관에 다니기 시작하는 문제를 잘 다루어야 한다는 내용에 앞서, 아이를 믿어 주어야 한다는 말씀을 드리고 싶습니다. 기관을 선택하는 문제에서 부모와 자녀 간에 갈등이 시작될 수 있기 때문에 그렇습니다. 부모와 자녀의 정서적 거리감은 결코 뇌 발달에 도움이 되지 않으니까요.

최근에는 만 2세나 3세에 어린이집에 다니는 수가 많아지긴 했지만 집에서 보육하는 경우도 상당수입니다. 그런데 만 4세 이후에는 대부분의 가정에서 자녀를 기관에 보냅니다. 이제 자녀가 어느 정도 커서 여러 사회적 활동을 통해 친구들도 만나고 규칙과 규율을 배울 수 있는 시기라고 판단해서일 것입니다. 어린이집이 보육에 무게를 두고 있다면, 유치원은 '처음학교'라는 표현에서처럼 유아기와 학령기 중간의 과도기를 잘 지날 수 있도록 적정한 학습과 규칙을 가르치는 데 무게를 둡니다.

한 엄마는 학군이 좋다는 동네에 살면서도 내 아이는 절대로 달달 볶으며 키우지 않겠다고 다짐했다고 합니다. 조기교육이 오히려 아이를 힘들게 한다는 이야기도 많이 들었고, 자신은 좀 더 '깨어 있는' 부모로서 아이를 자유롭게 키우고 싶다는 마음도 있었습니다.

학교에 가면 다 배운다고 생각하고 그전까지는 마음껏 놀게 하겠다고 생각했죠. 그러던 어느 날, 대여섯 살이 된 아이를 바라보는데 부쩍 커 보였습니다. 말도 잘하고, 책을 읽어 주면 글자에도 관심을 보입니다. 문득 한글 공부를 시켜 볼까 싶은 마음이 들었습니다. 그래서 주변에 어떤 문제집이나 학습지가 좋은지 묻고 인터넷도 찾기 시작했습니다.

정보의 바다에 발을 들여놓으니 그야말로 신세계였습니다. 지인들은 '최소한 이 정도'라며 학습 활동에 대한 정보를 술술 나열합니다. 인터넷 카페에서 제안하는 학습 활동도 워낙 다양하고 많아서 어질어질했습니다. 상담문의를 한 기관에서는 "이 나이에 이 정도는 해 줘야 적기교육"이라고 하니, 아이를 너무 내버려 두었나 싶은 자책감마저 들었습니다. 나름의 고민 끝에 이런저런 학습 활동을 찾아 아이에게 들이밀었습니다. 학습 커리큘럼이 촘촘히 짜인 유치원과 하원 후 다닐 학습 관련 학원, 집에서도 공부 습관을 만들어 주려고 학습지도 추가했습니다. 아이도 처음에는 분명 관심을 보였습니다. 하지만 잠깐일 뿐, 아이는 자꾸 밖에 나가자고 하고 놀기에 여념이 없습니다. 여러 정보에 의하면 다른 아이들은 이 만큼은 해놨다는데, 내 아이만 느린 것은 아닐까 싶어 아이를 닦달하기 시작했죠.

이 시기부터 양육자의 '학습 활동 요구와' 아이의 '놀이 활동 욕구'가 많이 부딪히는 듯합니다. 특히 초등학교 입학을 1, 2년 앞두고서는 양육자의 마음이 조급해집니다. 학교에 가서 내 아이만 뒤처질까 걱정스러운 마음과, 내 아이가 경쟁적인 학습 환경에 놓일 수밖에 없다면 이왕이면 잘하는 아이로 키우고 싶다는 마음이 드는 것입니다.

내 아이의 미래를 위해 부모가 고민하고 준비하려는 모습은 참 긍정적입니다. 그리고 아이에게 학습의 기회를 제공하는 것이 무조건 나쁘다고 말하고 싶지 않습니다. 다만, 전제가 있습니다. '내 아이와 맞다면'입니다. 그렇다면 내 아이에게 맞는 기관을 어떻게 알 수 있을까요? 만 4세부터 아이는 자기를 열심히 드러내려고 한다는 데 힌트가 있습니다. 기관을 알아보기에 앞서 내 아이를 먼저 알아차려야 합니다.

무엇보다 중요한 것은 '내 아이'의 기질 이해하기

아이의 뇌가 자신의 발달에 맞는 방향을 선택한다는 것, 그러한 방향으로 아이는 반응하고 있다는 이야기를 앞서 했습니다. 그리고 아이가 자신이 하고 싶어 하는 것, 해내고 싶어 하는 것은 여러 번의 시행착오를 겪고서라도 해낸다는 이야기도 했습니다.

기관을 정하는 부분은 이런 발달의 차원과 맞물려서 고민해 볼 사항입니다. 부모의 시선으로 질문을 던진다면 두 가지일 것입니다. '어떤 기관에 다녀야 하는가?' '아이를 특정 기관에 보냈는데 다니기 싫어한다면 어떻게 해야 할까?'

여기에 대한 질문에 답을 하기에 앞서서, 기질에 관한 이야기를 먼저 하겠습니다. '내 아이에게 맞는 환경'을 제공하려면, 아이가 가진 고유한 특성인 기질을 먼저 알아차리고, 내 아이의 기질을 토대로 적합한 환경에 대한 고민을 시작해야 하기 때문입니다.

기질temperament은 타고난 성격을 말합니다. 타고났다는 것은 아이가 가진 고유의 특질입니다. 타고났기 때문에 일시적으로 나타나는 반응이 아니라 커서도 그러한 경향을 드러낸다고 봅니다. 보통 예민한 기질, 느린 기질, 순한 기질 등 세 범주로 나누어 보는데요. 기질은 내 아이를 이해하는 데 참 좋은 기준이 됩니다.

아이는 세상에 태어나 낯선 환경에 적응해 가면서 자신의 기질에 따라 여러 모양의 반응을 보입니다. 부모는 아이의 수면 패턴이나 울음의 강도를 보고 순한 기질과 예민한 기질을 알아차리기도 하고, 분유가 바뀌면 바로 알아차리고 먹지 않는 반응을 보면서 '미각에 예민하다'는 정보를 파악하기도 합니다. 낯선 사람에게 잘 가는 순한 아이가 있고, 잘 안기는 듯하다가도 이내 울음을 터뜨리는 느린 기질의 아이도 있습니다.

기질을 예민함, 느림, 순함이라는 기준으로 분류하는 것이 전부는 아닙니다. 낯설고 어렵다고 느껴지는 것을 맞닥뜨렸을 때 그것을 어떻게 대하는가에 대한 반응으로 기질을 나눠 볼 수 있습니다. 어떤 아이는 새로운 자극이 주어지면 즉각적으로 싫은 표시를 내면서 거부하고, 어떤 아이는 겁 없이 덤벼듭니다. 어떤 아이는 낯선 사람을 보면 즉각 부정적인 반응을 보이지만, 어떤 아이는 조금 낯을 가려서 부모 뒤에 숨었다가도 이내 적응합니다.

신체적인 에너지가 많은 활동성인가, 아니면 정적인 것을 좋아하는가도 기질의 하나입니다. 수면이나 식사, 배변 활동 등을 통해 규칙성의 정도를 파악하기도 합니다. 화가 나면 흥분해서 온몸으로 표현하는 아이도 있고, 어떤 아이는 훌쩍훌쩍 눈물을 흘리기도 하고, 어떤 아이는 무표정하거나 굳은 듯 멈춰 있기도 합니다. 아주 작은 소리나 불빛, 특정 질감에 바로 반응하는 민감한 아이도 있습니다. 이외에도 주된 기분이나 주의 산만함, 인내심을 살피기도 합니다.

기질은 결국 세상에 적응하는 방식, 세상을 학습하는 방식입니다. 자기만의 방식으로 이해해 나가는 것입니다. 기질은 타고나는 것이므로 옳고 그름이 없습니다. 부모가 자녀의 기질을 파악해야 하는 이유는, 있는 그대로 수용해 주어야 하는 부분이기 때문입니다. 타고난 성향을 부정받으면 아이는 자기의 존재 자체에 대해 부정당하는 듯한 기분을 느끼게 됩니다. 억울함을 넘어 자신에 대해 부정적인 이미지를 가질 수밖에 없겠죠.

특히 아이가 예민해서 낯선 것에 부정적으로 반응하거나, 너무나 활동적이어서 가만히 있지 못하는 아이라면, 부모는 이것을 '고쳐야 한다'라고 생각하기 쉽습니다. 0~3세에는 '아기니까'라고 받아 주다가도, 4~7세 정도가 되면 말귀를 알아듣기 시작하는 만큼 '설득하면 고쳐진다'라고 생각하는 것이죠. 물론 이해도 합니다. 무던한 아이들을 기준으로 했을 때, 내 자녀의 튀는 행동이 다른 아이들과 어울리는 데 방해가 될까 봐, 기관에 적응하는 데 무리가 될까 봐, 학교생활에 지장이 갈까 봐, 나아가 공부하는 데 도움이 되지 않을 것 같아서라는 불안이 깔려 있을 것입니다.

기질은 근본적으로는 바뀌지 않습니다. 다만 자신의 기질을 다루는 방법을 알게 되고, 기질을 자신의 강점으로 삼는 기회로 만들면서 성장합니다. 어릴 때는 불안도가 높아 낯선 곳에 적응하는 데 오랜 시간이 걸렸더라도, 어른이 되면 자신의 불안을 다룰 줄 알게 되면서 어릴 때처럼 모두가 알아차릴 만큼 티 나게 불안해하는 모습을 보이지 않습니다. 나아가 자신의 감각적 예민함, 즉 색감, 청각, 미각 등의 섬세함을 자신의 직업적인 부분에서 특장점으로 발휘하기도 합니다. 이처럼 기질은 평생 동일한 모습을 띠지 않습니다. 성인이 될수록 자신의 기질을 이해하고, 세상에 적응하는 나름의 방법을 터득해 가면서 안정화되어 갑니다.

기질에 관해 이야기하면, '외향적-내향적' '적극적-소극적' '예민함-순함' 등등 이분법적으로 기준을 정해 놓고 내 아이가 어디에 속하는지 알아보려고 하는 분들이 있습니다. 때로는 너무나 활동적인, 소극적인, 내향적인, 불안한, 예민한 아이에 대한 걱정도 많죠.

제가 앞에서 말한 기질에 대한 설명, 여러 기질의 구분 기준을 모두 잊어도 좋습니다. 이는 내 아이를 많이 관찰하면 알게 됩니다. 문제는 기질에 대한 해석입니다. '좋다-나쁘다'라는 가치판단을 배제하는 것이 먼저입니다. 여아는 순하고 남아는 활발해야 한다는 등의 성별에 따른 편견도 버리고요. 아이를 특정 기질의 프레임에 가두지 않는 것이 중요합니다. 특정 기질의 프레임에 넣는 순간부터 반대의 기질에 대한 장점이 보이지 않는다는 아쉬움이 들기 때문입니다.

예를 들어 내향형이든 외향형이든 어느 쪽이 좋고 나쁘다고 볼 수 없습니다. 무엇보다 한 사람에게 완전히 내향적이거나 완전히 외향적인 면모만 있는 것도 아닙니다. 인간에게는 모든 성향이 섞여 있습니다. '다소' 내향적이어도, '가끔' 자신이 좋아하는 것에 대해서는 외향적인 기질을 보입니다. 누구나 불안을 느끼지만 그 강도와 반응에 차이를 보일 뿐입니다. 그래서 내 아이의 기질을 제대로 이해하려면 세분화된 관찰이 필요합니다.

'우리 아이는 ○○할 때 말이 많아지는구나.'

'우리 아이는 낯선 친구에게도 잘 다가가는구나.'

'곤충 잡을 때 유독 겁이 없구나.'

'친구한테 장난감은 잘 주는데, 책을 줄 때는 유독 싫어하는구나.'

'조립은 좋아하는데 도미노는 안 좋아하는구나.'

'혼자 하는 게임보다 같이 하는 게임을 좋아하는구나.'

이런 관찰이 세분화되면, 우리 아이는 '늘 소극적인 아이', '늘 차분하지 못한 아이', '늘 집중하지 못하는 아이'가 아니라는 것을 알게 됩니다. 그저 세상의 무수한 정보와 자극 중 하나를 선택해 자기 나름의 방법으로 그것을 습득하는 중입니다. 때로는 과장되고 불편해 보이는 반응도 점차 스스로 다룰 수 있게 될 것입니다.

이런 기질의 특성을 바르게 이해해 놓으면, 아이의 성장에 필요한 기관의 선택, 일상의 루틴, 학습 환경 등을 제공하는 데 있어 도움이 됩니다. 아이는 아직 경험해 보지 못한 여러 상황이 있고, 그 상황에 어떻게 적응할 것인지 학습하는 중입니다. 아이에게 '넌 ○○한 기질'이라는 라벨링을 붙이고 단정 짓지 않았으면 좋겠습니다.

아이마다 뇌의 발달이 요구하는 환경은 다르다

4~7세에 부모에게 고민의 대상이 되는 아이는 주로 활동량이 많은 아이입니다. 매일 엄청난 활동량을 소진해야 하고, 그렇지 않으면 불만이 쌓이는 기질입니다. 양육자 입장에서 내 아이를 차분하게 실내 활동을 하는 다른 아이들과 비교할 경우 내 아이의 모습을 기질이라기보다는 '집중력 부족' '참을성 부족'으로 해석하기 쉽습니다. 이럴 때는 두 가지를 생각했으면 합니다.

첫 번째로 참는 능력이 부족한 것은 4~7세 아이들의 일관된 특성입니다. 두 번째로 실외 활동을 좋아하는 것이 아이의 기질이라는 사실은 있는 그대로 인정해야 합니다. 활동적인 기질, 외향적인 성격이 주는 특장점을 인정하지 않고, 아이의 기질에 따른 반응을 받아주지 않으면 아이는 자신을 부정하는 시선 속에서 자라게 됩니다.

현대 사회에서 아이들은 활동의 폭이 점점 더 좁아지는 공간을 제공받고, '차분한 착석'을 주로 요구받습니다. 아파트와 같은 환경이 그렇죠. 이런 환경에서는 활동량이 적고 예민한 아이들이 오히려 적응을 잘합니다. 활동적이고 발산적인 아이들은 부모와 주변의 어른들, 기관의 교사들에게서 부정적인 피드백을 자주 받습니다. '산만한 아이'로 낙인 받은 아이들은 억울한 마음이 쌓일 수 있습니다. 가장 최악의 상황이 ADHD 검사를 받으러 가는 것이죠. 아이 입장에서는 자신을 부정적으로 바라보는 시선을 감내해야 합니다. 기질은 그 아이 고유의 특성인데, 고치거나 바꿀 수 있는 부분이 아님에도 '틀렸다'고 지적받는 분위기를 견뎌야 합니다.

그래서 내 아이를 잘 알아야 합니다. 내 아이를 잘 알려면 내 아이를 많이 관찰해야 합니다. 사실, 0~3세의 자녀가 발산하는 에너지는 받아 줄 만합니다. 하지만 4세부터 활동량이 폭발적으로 늘 때, 이것을 내 아이의 기질이라고 인정하지 않으면 아이와의 교감이 어려워집니다.

활동량이 중간이거나 적은 아이들은 기관에 적응을 잘하죠. 칭찬도 자주 받고 주변에서 받는 인정이 쌓일수록 자신감도 쌓일 것입니다. 그렇다고 이 아이가 활동성이 높은 아이보다 더 낫다고 할 수 있을까요? 그건 모르는 일입니다. 정적인 활동을 좋아하는 아이가 자기 기질을 살려 진로를 정하고 사회적 효능감을 발휘할 수 있습니다. 또한 활동적인 아이가 성장해서 자기 일뿐 아니라 이타적인 활동을 활발하게 해나가는 경우도 많습니다. 세상을 바꿔 나가는 사람들이죠.

부모는 얌전한 아이로 키우려고 하고, 그런 아이들을 인정해 주고,

활발한 아이들은 얌전하게 바꾸려고 합니다. 하지만 기질은 있는 그대로 표현하고 드러낼 수 있게 하는 것이 맞습니다. 조절 능력이 키워진 학령기 이후부터는 아이 스스로 자신의 발산 에너지를 조절해 나갈 것입니다.

4~7세 뇌의 메인 기능은 '감각과 운동을 통합하는 것sensorimotor integration'입니다. 뇌의 발달에 맞추지 않고 얌전한 활동만 주로 제공한다면, 아무리 제자리에서 책 읽고 영상 보고 VR을 보는 등 간접 경험으로 활동성을 제공한다 해도 의미 없습니다. 몸을 움직이게 해 주세요. 그래야 신체 능력을 키우고 심폐 기능도 향상되고 자신의 감각-운동 기능을 코디네이션해 나가는 능력을 키웁니다.

신체 활동을 대체할 것을 찾으려고 하지 마세요. 해당 연령대의 기본 욕구인 데다, 아이가 가진 기질이 외향적이라면 더더욱이 활동량을 늘리는 것 외에는 답이 없습니다. 특히나 기관에서 오랜 시간을 이미 참고 있다면, 부모와 함께하는 시간만이라도 아이가 주도하는 대로 따라가 주세요. 아이가 나가고 싶어 한다면, 나가야 합니다.

적응의 문제가 아니라 환경의 문제가 아닌지 살펴야

이 시기에 내 아이 뇌 발달을 위해 무엇을 해야 할까요? 앞서 이 시기에 인풋이 많아야 한다고 했으니, 시각, 운동, 감각 영역과 관련된 활동을 아이에게 '시키면' 될까요? '시키는 것'이 아니라 '하도록 두는 것'이 필요합니다. 아이가 선택해 나가는 활동을 지지해 주는 것입니다. 아이의 신체적 활동량이 느는 것은 아이의 뇌 발달에 따른 자연스러운 반응입니다. 마찬가지로 아이는 자기의 기질에 맞게 어떤 놀이를 할지, 어떤 자극을 좋아하고 반복할지 선택할 것입니다.

아이가 다닐 기관을 선택하는 문제는 상당히 중요하다고 봅니다. 생각보다 오랜 시간을 보내는 곳이거든요. 성인이 되어 9 to 6의 시간을 보내는 직장에서의 환경이 나와 너무나 맞지 않는다고 생각해 보세요. 성인도 그러할 텐데 이제 소아기에 접어든 우리 아이는 어떨까요? 심지어 어른은 자신이 직장을 '선택'하지만, 아이는 부모가 '정해 준' 곳에 들어가게 됩니다. 무엇이 좋은지 나쁜지 먼저 이야기할 기회도 없어요. 그래서 부모가 내 아이를 면밀하게 관찰하고 아이의 기질과 맞는 곳을 찾아 주려는 노력이 필요합니다.

기관은 생각보다 다양합니다. 놀이학교, 숲 체험 유치원과 같은 활동 중심의 기관도 있고, 돌봄에 무게를 둔 어린이집, 고른 발달에 무게를 둔 일반 유치원, 특정 기능을 좀 더 키우기 위한 종일반식 학원 등도 있습니다. 각자의 사정과 환경에 따라 기관을 선택하여 자녀를 보내겠죠.

부지런한 우리 부모들은 내 아이가 몇 년 뒤 초등학생이 된다는 생각에 초등학교 입학을 미리 준비하려 합니다. 그러면 시간이 몇 년 안 남은 듯해서 조급해지고, 아이가 들어갈 기관의 학습 커리큘럼을 열심히 살피게 됩니다. 특정 교과목의 선행 수준이 어느 정도인지, 진도는 어떻게 나가는지, 교재는 무엇인지, 방과 후 프로그램은 어떻게 되는지 등등입니다. 특히 초등학교 입학 1~2년 전에는 이런 고민이 더더욱 많아집니다. 어찌 보면 '대학 입시'라는 저 앞의 큰 산을 앞두고 아이가 버겁지 않도록 일찍부터 준비 운동을 시키려는 마음이겠지요.

부모가 제공하는 환경에 잘 따라가는 아이가 있습니다. 하지만 어떤 아이는 힘들어합니다. 이때는 기관의 환경보다 내 아이를 관찰해야 합니다. 아이가 2~3주, 심지어 한 달이 지나도 계속해서 가기 싫어하고 따라가기 힘들어한다면, 기관의 담당 교사와 상담했을 때에도 아이가 적응하기 어려워한다는 피드백을 받는다면, 기관의 양해를 구하고 아이를 직접 관찰해 보기를 추천합니다. 내 아이를 잘 아는 부모로서, 기관에서 수업을 받는 모습을 관찰하면 알게 됩니다. 아이가 그저 잠시 집중을 못 하는 것인지, 기관의 분위기 자체를 어려워하는지 말입니다.

특히나 저는 소위 '영어 유치원'이라고 말하는 종일반식 영어 학원에 보냈다가 적응하지 못해 힘들어하는 아이들을 종종 만납니다. 그곳이 나쁘다고 말하는 것이 아니니 오해는 마세요. 잘 적응하고 좋아하는 아이도 분명히 있습니다. 어릴 때부터 외국어에 자주 노출이 되었거나, 새로운 언어를 배우는 것에 흥미를 가진 아이도 있습니다. 아이가 학습 중심의 기관에 다니면서 잘 적응하고 좋은 피드백을 받는다면 아이는 성공 경험을 반복하면서 그 능력을 더 정교화하고 발달해 갈 것입니다.

문제는 적응하지 못하는 경우입니다. 매일 일정 단어를 외우게 하는 등 아웃풋을 강조하는 기관, 성취 중심의 커리큘럼을 가진 기관에 활동적인 아이가 들어갔다면, 기질을 통제시키려고 하는 분위기가 될 것입니다. 자기주도성이 높거나 활동성이 높은 아이들은 이러한 과정에 취미를 붙이기가 어려울 것입니다. 학습은 정적인 과정이니까요. 어떤 아이에게는 성공 경험을 쌓는 시기가 되겠지만 어떤 아이에게는 실패의 경험으로 쌓일 수 있습니다. 기관의 환경 자체가 답답하게 느껴져서 기질상 적응하기 힘겨운데, 눈앞에서 매일 채점을 하면서 지적받는 경험이 쌓이니 '난 못해'라는 부정적인 자아상이 생길 수 있죠.

대개 4~7세에게 정적인 학습 방법은 효과적이지 않습니다. 아이의 정서도 억눌리고, 학습의 효과면에서도 좋은 성과가 나오기 어렵습니다. 제가 가장 부정적으로 보는 것은 일정 시간을 주고 단어를 암기하게 시키는 기관입니다. 중·고등학생들이 할 법한 학습 방식을 유년의 아이가 해내게 하는 것입니다. 발산적인 이 시기의 아이에게는 자기 기질과 맞지 않는 공부 방식으로 행동 조절에 더 어려움이 생기고, 정서적으로는 분노심과 반항성을 증가시키는 자극이 됩니다.

특정 공간에 대한 반응은 아이마다 다를 수 있습니다. 적응을 못하는 아이를 문제로 볼 것이 아니라, 아이에 맞는 환경을 제공하겠다는 문제로 프레임을 바꿔야 합니다. 똑같은 연령이어도 기질에 맞는 인풋을 주어야 합니다. 특히 4~7세는 자기중심적인 시기이다 보니, 활동성이 제약받고 자신에 대한 지적이 올라가면 반항성을 내보일 수 있습니다. 어릴 때부터 활동성이 높고 능동적이었던 아이라면 더욱 그렇습니다. 기질과 선호도가 다르고 행동량과 행동 패턴이 다를 뿐인데, 이런 차이를 비난받고 통제받는다면 반항적인 반응이 나오는 것이 어찌 보면 당연합니다.

'영어를 가르치지 말자' '학습을 시키지 말자'가 아닙니다. 좋아할 만한 방법으로, 즉, 학습을 놀이의 문제로 전환하여 접근해야 합니다. '100점을 맞게 하는 학습법'은 훨씬 이후에 적용될 만한 공부 동기이며 공부 목표입니다.

아이의 반항은 방향이 틀렸다는 사인

아이는 자기의 발달에 맞는 방향을 선택하므로, 아이가 불편해하면 아이에게 맞는 환경을 제공하라 등등의 메시지를 전하면 많은 부모가 머리로는 이해하지만 현실로 적용하는 것을 결코 쉽지 않아 합니다. 그리고 제가 전하는 메시지가 백 퍼센트 완벽한 솔루션도 아닐 것입니다.

우리 주변에는 참 많은 정보가 있습니다. 양육서도 많고 강연도 많고 뉴스와 유튜브 영상 등에서도 메시지가 쏟아집니다. 그런데 이러한 정보를 우리가 양육하는 데 꼭 필요한, 아주 중요한데 놓치고 있던 것들을 상기하고 점검하는 정도로 취사 선택했으면 합니다. 상당수의 콘텐츠는 부모의 불안을 건드리는 내용으로 이목을 끌지만, 양육에서 가장 중요한 핵심을 놓치게 합니다. '내 아이'입니다. 이 콘텐츠가 내 자녀에게 적합한지, 이 콘텐츠로 양육자의 불안과 자책감이 커지는 상황이 과연 내 자녀에게 건강한 영향을 미칠지를 돌아보아야 합니다.

우리 부모들은 자녀 못지않게 좋은 잠재력을 가지고 있습니다. 자녀를 위해서 좋은 환경을 제공해 줄 준비가 단단히 되어 있습니다. 그런데 환경의 핵심은 부모 자신의 마음 건강, 자녀와의 관계, 내 아이에 대한 섬세한 이해입니다. 이것이 정리된 다음에야 학습과 관련된 교구, 기관, 학습지 등의 정보가 도움이 됩니다. 갓난아기에게 세상에서 가장 좋고 비싼 분유와 기저귀를 제공한다고 해도, 부모의 눈 맞춤이나 미소가 없다면 아이의 발달은 더뎌집니다. 아이에게는 부모가 가장 중요하고 강력한 환경입니다. 그리고 그 아이를 가장 잘 아는 사람도 부모입니다.

그래서 방향성을 점검했으면 합니다. 내 아이를 키우는 양육 방향성의 기준은 '내 아이'입니다. 부모 욕심이나 사회, 옆집 아이 엄마의 말이 아닙니다. 아이가 어떤 경험을 해 왔고, 하고 있고, 무엇에 관심을 두고, 어떤 행동 패턴을 보이는지 호기심을 가지고 살펴보세요.

지금 제 책을 덮어도 좋습니다. 그 시간에 대신 아이를 관찰해 보세요. 아이가 다닐 기관을 선택해 제공하는 것에서 끝이 아닙니다. 기관에 방문할 수 있다면 아이의 기질과 행동 패턴, 감정 및 정서 패턴, 관계 패턴, 아이의 주된 욕구와 욕구의 강도를 살피세요. 식습관과 활동-수면 패턴까지 관찰할 곳은 어린이집이 가장 좋습니다. 기관에서 살피기가 여의치 않다면 아이가 놀이터나 공원에서 뛰노는 시간을 관찰 기회로 삼으세요. 스마트폰은 잠시 내려놓고 아이를 잘 살펴보세요. 집에서 보던 아이와 다른 모습이 보일 것입니다.

가끔은 아이를 관찰하라고 하면, 비교우위를 결정하려는 오류를 보이기도 합니다. '다른 애들은 저렇게 노는데 우리 애는 왜 못하지?'라는 식입니다. 아이를 관찰하라는 것은 내 아이를 알라는 의미입니다. 얌전하게 블록을 쌓고 책을 보는 아이가 차분하고 좋아 보인다고 해서 내 아이에게 그 행동을 강요하지는 마세요.

새로운 경험과 환경을 마련해 주고 싶다면, 시도해 볼 수도 있습니다. 다만 새로운 경험과 환경의 기준이 남들이 말하는 '보편타당한 커리큘럼'이 되지는 않았으면 합니다. 앉아 있는 것을 힘들어하는 아이에게 실패하기 쉽고 부정 경험이 쌓일 수밖에 없는 환경을 제공하는 것은 적어도 학령기 이전에는 재고해 보세요.

어떤 아이는 순한 기질이어서 어떤 활동을 억지로 좋아하는 척하기도 합니다. 이는 좋은 적응이라고 볼 수 없어요. 4~7세는 솔직하게 좋고 싫음을 표현하는 정서 표현 능력을 키워야 하고, 솔직한 마음을 내보였을 때 수용받는 경험을 쌓아야 하는 시기입니다.

반대로 가만히 있지 못한다고 지적받는 아이들, 활동성이 높은 기질의 아이들도 잘 살펴주세요. 이러한 아이들은 생산적인 활동과 관계를 많이 만들어 갑니다. 물론 4~7세에 만들어지는 관계는 자기중심적이지만, 즐거운 활동을 계속해서 만들어 내고 집단의 분위기를 재미있게 만들면서 성취감을 느끼는 아이들입니다. 다만 이러한 아이들이 정서적으로 아직은 미성숙해서 다소 반항적으로 보일 수 있습니다. 활동성이 강하고 능동적으로 나서고 싶은데 제한을 받으면 반항성이 확 올라가기도 합니다.

사실 이는 기질이 다르고 선호도가 다르고 행동량의 패턴이 다를 뿐입니다. 자기의 기질이 받아들여지지 않는 상황이 지속되면 아이는 순응보다는 계속 부딪히는 방향으로 가려고 합니다. 그런데 이 부딪힘은 건강한 반항이에요. 그럴 땐 아이의 반항성을 긍정적으로 보고 빨리 파악해서 아이의 기질에 맞는 환경을 제공해 주어야 합니다. 아이의 반항은 4~7세에 필요한 성장의 기회를 빼앗기지 않으려고 아이 뇌에서 보내는 신호라고 생각하세요.

아이에게 잘하는 경험, 성공 경험만 시키려는 부모도 있습니다. 내 아이가 잘하는 것, 좋아하는 것을 지지해 주다 보니 아이가 잘할 것 같은 것을 부모가 일방적으로 제시하기도 하는데요. 물론 아이가 아직 무엇을 좋아하는지 모르는 상태라면 이런저런 경험을 제공해 줄 수 있습니다. 그런 기회를 막으라는 것은 아닙니다. 다양한 활동에 보낼 수 있고 경험하게 할 수 있죠. 그러나 1~2주, 길게는 3~4주 지나서 아이가 그 환경을 파악하고도 계속해서 부정적인 정서를 드러낸다면 멈추기를 고려해야 합니다.

학습 위주의 기관이 아니라 놀이학교, 숲 체험과 같은 활동 중심의 기관도 마찬가지입니다. 선택의 기준은 내 아이입니다. 활동성이 높은 아이가 아니라면, 이런 기관을 금방 피곤해하고 힘들어할 수 있습니다. 낯선 친구들이 많고 새로운 곳을 탐방하는 것이 매우 부담스러운 자극으로 받아들여지는 아이도 있습니다. 제가 이 책에서 '많이 뛰어놀아야 뇌가 발달한다'라고 말했다고 해서 우리 아이를 모두 그런 기관으로 옮기는 것이 정답은 아닙니다. 아이가 뛰어놀고 싶다고 하면 놀게 하고, 아이가 정적인 활동을 좋아해서 선택하면 그 활동을 하도록 지지해야 합니다.

다만 기질과 반대되는 활동도 종종 부모가 함께 참여하는 가운데 제공해 줄 수 있습니다. 학원이나 기관 등을 통해 큰 미션으로 제공하기보다 부모가 함께 참여하면서 놀이식으로 제공하면 아이는 해당 활동을 조금 더 편하게 받아들일 수도 있습니다. 예를 들어 정적인 아이라도 아빠와 함께하는 운동이나 외부 활동의 시간을 주기적으로 가져 보는 것, 청각이 예민한 아이에게 클래식이나 좋아할 만한 동요 등을 집에서 자주 들려 주는 것, 외향적인 아이라도 엄마아빠가 책을 자주 읽어 주거나 퍼즐 맞추는 모습을 보이면서 정적인 활동에서 오는 재미를 알려주는 등 아이의 기질과 반대되는 자극을 가끔 제공해 보는 것입니다.

다만 이때도 아이가 거부한다면 일단 중단하고, 다음 기회에 다시 시도하면 됩니다. 당장 그 과정을 받아들이지 못하더라도, 다음에는 받아들일 수 있기 때문에 부모는 아이의 반응을 의연하게 받아 주고, 다음 기회를 기다리면 됩니다.

아이와 소통하여 아이의 행동과 감정 상태를 인정하는 것이 우선입니다. 아이의 길을 부모가 일방적으로 만들어 가려고 하면, 아이의 욕구는 억눌리고 오히려 자기에게 맞는 좋은 경험을 할 기회를 놓치게 됩니다.

기질에 맞는 환경을 제공하는 것, 충분한 활동을 통해 성취 경험을 쌓게 하는 것, 좋아하는 것을 많이 하면서 잘하게 되고, 재능을 발견하는 과정이 4~7세 아이에게 필요합니다. 부모에게서 받은 긍정적인 시선과 자신이 선택해서 쌓은 긍정 경험이 결국 자기 자신에 대한 믿음으로, 나아가 새로운 것도 해낼 수 있다는 도전으로 성장합니다.

아이가 힘들어하는 사인을 외면하지 마세요. 아이와 맞지 않음을 인정하는 용기가 필요합니다. 내 아이가 가진 잠재력이 잘 뻗어 나가도록 뇌를 긍정적으로 발달시켜 가는 것이 무엇보다 중요합니다.

PART 2

4~7세에 키우는 정서 지능, 공부하고 싶은 마음 그릇

CHAP 4. 배우고 싶은 마음, 공부 동기

흔들리며 발달하는 사춘기 예고편, 4~7세

4~7세의 자녀가 공부를 잘하는 아이로 자랐으면 하는 부모의 바람과, 뇌가 잘 발달하도록 안내하고 싶은 저의 마음은 결국 두 가지의 미션으로 동일하게 귀결됩니다. 첫째, 아이가 에너지를 충분히 발산하게 하기. 둘째, 아이를 충분히 관찰하기.

뇌 발달의 측면에서 흥분성 뉴런이 충분히 발달해야 억제성 뉴런도 그만큼 끌어올릴 수 있다는 이야기를 나눈 바 있습니다. 그리고 아이가 자란 만큼 기관을 선택하는 데 있어서 아이의 기질에 맞는 곳을 찾고 아이의 반응을 면밀히 살피는 과정이 필요하다는 이야기도 했습니다. 그런데 조금 다른 측면에서 '아이를 관찰한다는 것'의 의미를 나누고자 합니다.

0~3세 아이의 발달은 아이의 주도하에 이루어집니다. 아이는 뒤

잡고, 기고, 앉고, 서고, 걷는 과정을 누가 가르쳐 주지 않아도 합니다. 부모는 좋은 자극을 주는 환경을 마련해 주었죠. 아직 걷지 못하는 아이를 위해 손을 잡고 부모 발등 위에 아이 발을 올려주어 걸음마 연습을 시키는 것처럼요. 이처럼 아이는 자기의 타고난 '기질'과 부모의 양육이라는 '환경'을 토대로 자랍니다. 부모의 양육에는 우리가 익히 들어본 애착도 있고, 옳고 그름을 알려주는 훈육의 방식도 있고, 부모의 삶의 태도를 아이가 학습하게 되는 모델링도 있습니다.

4~7세의 아이는 이제 자기의 생각을 몸이 아닌 말로 표현하기 시작합니다. 자기주장도 생깁니다. 그래서 더욱, 부모는 아이의 앞이 아닌 뒤에서 아이가 내달리는 것을 지켜봐 주어야 하는 시기입니다. 4~7세의 아이는 한계가 어디인지 시험해 보려는 듯 끝모르게 내달리고 부딪히는 듯 보입니다. 신체 활동과 놀이에 대한 왕성한 호기심, 고집으로 표현되는 자율성이 엄청난 에너지로 표현됨과 동시에 조절 능력을 키워 갑니다.

흔들리며 발달하는 시기, 뭔가 비슷한 때가 떠오르지 않나요? 맞습니다. 마치 10대, 특히 중학생 아이들의 모습과 비슷합니다. 4~7세와 10대 초기에는 뭔가 안정적이지 않아 보이고, 행동 범위나 표현 범위가 급격하게 넓어져서 이런저런 시도를 하려는 모습이 비슷합니다. 부모가 안전선을 제시하지만 주된 역할은 뒤에서 지켜보는 것이라는 점도 비슷합니다.

4~7세 아이들은 많이 흔들립니다. 에너지를 쏟으면서 에너지 조절하는 법을 배우는 중이죠. 10대가 사춘기라면, 4~7세는 '사춘기 예고편'이라고 표현하고 싶네요. 가끔 선 넘게 버릇없는 말도 하고, 실수도 자주 하고, 말도 안 듣고, 고집도 세지거든요.

아이가 성인이 되어 자기의 길을 제대로 찾아가려면, 청소년기에 끝모르게 내달리고 싶은 마음을 잘 조절하면서 자기 능력과 욕구 표현의 밸런스를 찾아가야 합니다. 그저 '공부를 잘한다'는 것을 넘어서 원하는 것을 찾고 자기 내면의 넘치는 에너지와 시간을 컨트롤할 수 있는 능력을 갖추는 과정이죠.

4~7세도 그렇습니다. 학령기에 필요한 능력을 키우는 시기입니다. 학교를 다니게 되면 아이는 재미없는 것을 참아내야 합니다. 뭔가를 계속해서 배워야 하고, 배우기 위해 착석이라는 어려움을 견뎌야 합니다. 4~7세는 이러한 학령기를 준비하는 시기입니다. 그래서 4~7세는 '학습하는 시기'가 아니라 '학습을 준비하는 시기'입니다. 가지고 있는 기질을 발현하면서 환경에 맞게 능력과 기질을 조절하는 법을 배우는 시기입니다.

이 시기를 잘 지나면 사춘기를 맞았을 때도 4~7세의 경험을 토대로 자신의 발달 과업을 잘 수행합니다. 덩치가 커지고 진로를 선택한다는 목표가 생겼지만, 조절 능력을 재정비하고, 좋아하는 선호도를 발견하고, 좋아할 뿐 아니라 잘할 수 있는 것을 성공 경험을 통해 확인해 나갑니다. 4~7세를 잘 보낸 아이가 청소년기 이후의 삶을 선택해 나가는 과정에서 지표를 잘 마련할 수 있게 된다고 봅니다.

공부 그릇, 공부 뇌를 키우려면 4~7세에 부모가 꼭 해주어야 하는 것이 있습니다. 건강한 마음을 다져 주는 것입니다. 건강한 마음이란 부모와의 단단한 애착, 부모가 나를 보는 시선으로부터 싹튼 자신에 대한 긍정적인 시선, 세상에 대한 호기심을 해소하면서 해보겠다고 도전하는 마음, 그리고 긍정 경험을 통한 자신감입니다.

정서적 안정감으로 만드는 공부 동기

학교 다닐 때 공부 잘한다고 손꼽히던 친구들을 떠올려 보세요(본인일 수도 있죠). 몇 가지 특징이 있는데요. 수업시간에 엎드려 자거나 선생님 말씀을 듣는 둥 마는 둥 하던 친구는 아마 아닐 것입니다. 대부분은 수업 시간에 적당히 잘 참여하고, 꾸준한 노력과 성취로 국·영·수는 물론 예체능에서도 좋은 성과를 냅니다. 선생님들과도 친하고 모르는 것을 자주 묻기도 합니다. 물론 가끔 수업 중에 졸기도 하고 선생님께 혼날 때도 있지만 대부분은 잘 적응해 나갑니다.

저는 이러한 친구들에게서 '정서적 안정'이라는 공통점을 발견합니다. 실제로 학습 환경에 있어서 정서적 안정감은 매우 중요한 요소로 꼽혀요. 특히 연령대가 낮을수록 그렇습니다. 공부를 왜 해야 하는지, 나의 목표가 무엇인지 뚜렷해지고 그것을 동기로 삼아 공부할 힘을 얻는 것은 중학교 고학년이나 고등학생이 되어서야 가능한 이야기입니다. 그전까지는 공부하게 만드는 동기가 조금 다릅니다.

'자기 자신'에 대한 관심과 발견보다, '부모'에게서 받는 관심과 애정에 따라 움직입니다.

연령이 낮을수록, 아이에게 부모는 절대적인 존재입니다. 자신의 생존을 책임진 존재이기에 부모를 본능적으로 따르기도 하지만, 양육자의 말과 행동을 통해 삶의 태도를 모방하면서 정서 지능을 키워갑니다. 희로애락이라는 감정을 어떻게 표현하고 다루고 공유하는지, 일상에서 마주하는 여러 사건사고를 어떻게, 얼마나 의연하게 다루는지 학습합니다. 그리고 무엇보다 양육자의 눈빛에서 자신에 대한 신뢰, 따뜻함, 긍정적 이미지를 읽고, 이것을 자기 자신에 대한 이미지로 투영시킵니다. 그렇게 아이는 부모로부터 정서 지능을 쌓기 시작합니다.

자신을 객관적으로 관찰하고 객관적인 자아상을 만드는 것은 사춘기 이후부터 가능해집니다. 사춘기 이전의 연령대에서는, 특히 어릴수록 부모와 자녀의 유대감이 학습을 끌어내는 동기가 됩니다. 부모가 자녀의 가능성을 알아봐 주고, 어떤 부분에 대한 조언과 관심을 보여 주면 아이는 더 잘 따릅니다. 물론, 이 조언에는 '부모가 아이를 많이 관찰하고 이해한 다음'이라는 전제가 있습니다. 그래야 아이는 자기감정과 관심과 재미를 잘 알아주는 부모를 신뢰하고, 부모의 말이 귀에 들리게 됩니다.

'부모의 말이 귀에 잘 들린다'라고 말했는데요. 부모와 자녀의 사이가 가깝지 않다면 이는 가능하지 않습니다. 직장에서 싫어하는 상사의 조언이 귀에 잘 들리던가요? 평소 좋아하는 친구가 주는 조언과 별로 안 친한 친구가 주는 조언 중 어느 쪽에 귀 기울이게 되나요? 당연히 좋아하는 사람, 가까운 사람입니다. 그래서 관계가 먼저입니다. 부모로서 자녀에게 건네는 관심이 잔소리가 되지 않으려면, 가까워야 합니다. 그래야 부모가 바라는 '초등학교에 잘 적응하기'의 미션도 잘 실행해 보겠다는 마음이 생깁니다.

부모와의 관계를 통해 정서적 안정감을 키워야 하는 두 번째 이유가 있습니다. 부모에 대한 애정과 존경의 마음이 선생님에게도 투영되기 때문입니다. 공부할 때 교사의 위치와 역할은 매우 중요합니다. 일단 여기서 교사의 자질에 대해서는 차치할게요. 우리가 뉴스에서 접하는 부정적인 교사의 이미지도 있겠지만 대부분은 '가르친다'는 사명을 잘 수행하기 위해 애쓰고 있는 분들이라고 믿습니다. 공부하는 데 있어서 자신을 가르치는 선생님을 어떤 시선으로 바라보는가는 중요한 포인트가 됩니다. 사랑받고 싶고 인정받고 싶다는 욕구를 충족시키기 위한 '인정욕구'의 측면에서도 잘하려고 하겠지만, 선생님에 대한 긍정적인 시선이 선생님이 가르쳐 주는 내용을 '듣게' 만들고 따라가게 만듭니다. 부모에 대한 애정에서 비롯된, '윗사람에 대한 신뢰'입니다.

부모와의 관계를 통해 정서적 안정감을 키워야 하는 세 번째 이유는 뇌의 효율성 때문입니다. 우리 뇌에 제공되는 에너지에는 한계가 있습니다. 그래서 모든 활동에 똑같이 에너지를 쏟을 수 없습니다.

공부에 집중하고 싶으면 다른 부분에 쏟을 에너지를 줄여야 합니다.

아침에 엄마의 잔소리 폭풍을 들으며 등굣길에 올랐던 날을 생각해 보세요. 기분이 상했죠. 엄마의 잔소리(내용은 기억 안 나고 '잔소리'라고 뭉뚱그려지는 말들)가 둥둥 떠다닙니다. 힘든 감정을 처리해야 하고 떠다니는 잡생각으로 공부에 쏟을 에너지를 써버리게 됩니다.

정서적 안정감이 있으면, 굳이 학교에서 집 생각을 하지 않습니다. 학교에서 '엄마아빠가 너무너무 좋아' 하는 생각으로 에너지를 써버리는 친구는 없죠. 정서적 안정감은 오히려 늘 마음 어딘가에서 잔잔하게 에너지를 내주는 동력이 됩니다. 부모의 정서적 지지는 아이 뇌의 효율성을 높이는 필수 요소입니다.

아이의 정서 지능을 위한 부모의 미션

2020년, 2021년은 코로나 팬데믹으로 전 세계의 사람들이 실내에 머무른 시기였습니다. 2년간 우리 어른들도 그렇지만 아이들이 고생을 정말 많이 했습니다. 과연 이러한 환경의 변화가 아이들의 발달에 어떤 영향을 미쳤을까에 대해 학자들 사이에 꾸준한 연구가 진행되고 있는데요. 브라운대학교에서 수행한 연구에 따르면 2018년에 태어난 아이들, 2021년 기준으로 약 24~36개월 된 아이들은 이전에 태어난 아이들에 비해서 통계적으로 언어발달이 지연되었고, 2017년에 태어난 만 3~4세 아이들은 지능발달이 지연되었다고 합니다. 물론 현격한 차이는 아니었지만, 통계적으로 분명한 수치의 차이가 있었습니다. 안타까운 일이 아닐 수 없습니다.

연구자들이 여러 이유를 꼽았는데, 마스크를 끼고 있어서 소통이 안 되고, 기관에 보내지 못해 아이들이 다양한 발달 자극을 받지 못한 것이 큰 원인이라고 말합니다. 사회적 노출과 활동량이 줄어들었기 때문이죠.

부모의 스트레스도 주요 이유로 꼽혔습니다. 코로나에 감염될까 하는 불안은 물론, 사회활동이 멈추었거나 재택이 늘면서 양육과 일을 겸하게 되자 부모의 스트레스, 우울감, 고립감이 늘었습니다. 자녀와 함께하는 시간은 늘었지만, 자녀를 대하는 긍정적 정서의 질은 떨어졌습니다. 그리고 이는 결국 아이를 양육하는 데 부정적인 영향을 끼쳤다고 봅니다.

코로나 팬데믹이 우리 아이들의 발달에 미친 영향은 계속 추적관찰 중입니다. 언어발달, 지능발달이 지연된 아이들은 회복될 것입니다. 후유증이 남을 수 있다고 보는 안타까운 시선도 있지만, 저는 신경가소성에 의한 '회복탄력성'이라는 힘을 믿어 보고 싶습니다. 특별한 이유로 발달이 일시적으로 더뎌졌다고 해도, 금방 따라잡을 것입니다. 아이들은 특히나 신경가소성, 다시 원래의 상태로 복귀하는 뇌의 기능이 뛰어나기 때문입니다. 지금 이렇게 우리 아이들은 이 위기를 극복하는 과정에 있습니다.

다만 이러한 팬데믹 이슈가 이번이 끝이 아닐 것이라는 전망이 우리를 불안하게 합니다. 그래서 이러한 문제가 반복될 것에 대비해 자녀 케어, 교육, 생활의 질에 대한 조치를 준비해야 한다는 목소리가 나옵니다.

이러한 연구결과를 보면서 우리는 새삼 느끼게 됩니다. 아이와 함께하는 시간의 양보다 질이 얼마나 중요한지, 부모의 스트레스 관리와 자녀에 대한 애정의 눈빛, 일상의 태도가 아이의 뇌 발달에 실질적으로 영향을 미칠 수 있다는 것을 말입니다.

정서적 안정감을 준다는 것, 자녀와 마음으로 더 가까워진다는 것은 부모가 되는 순간부터 가져야 할 사명이라고 생각합니다. 물론 아이가 밖으로 시선을 돌리는 사춘기에 접어들면, 독립해서 세상으로 나아가는 성인이 되면, 자녀와 멀어지는 듯해 아쉬워지기도 합니다. 그런데 사실 그때도 부모와 자녀 간의 유대감은 아주 단단하게 연결되어 있어야 해요. 다만 그때는 스프링처럼 아이가 자기 잠재력을 발휘하며 힘껏 뻗어 나갔다가 다시 부모에게 와서 에너지를 충전하는 시기입니다. 아이가 마음에 안정감을 채울 수 있도록 그때나 지금이나 부모는 늘 같은 자리에서 동일한 눈빛으로 자녀를 바라보아야 합니다.

아이에게 정서적 안정감을 심어 주려면 가족 간의 다정함도 꼭 챙기세요. 아이가 유치원에 다니면서 활동 반경을 넓히게 되면 집에 그다지 신경을 쓰지 않는 것 같아도, 밥 먹을 때 엄마아빠의 대화를 안 듣는 것 같아도, 아이의 레이더는 언제나 집안 분위기에 맞춰져 있습니다. 가족 분위기가 불안정하면 아이는 시무룩해집니다. 물론 부부간에 다툼이 있을 수 있고, 형제간에도 문제가 생길 수 있습니다. 그런데 그 과정에도 학습할 부분이 있습니다. 부부는 일상의 소소하거나 때로는 중요한 위기를 앞두고 목소리를 높이기도 하지만 결국 조율을 이루어 냅니다. 화해합니다. 아무 일 없었던 것처럼 일상으로 돌아옵니다. 아이는 이러한 과정을 통해 '관계를 다루는 법' '감정을 다루는 법'을 배웁니다.

"엄마아빠 뭐해? 싸우는 거야?"

목소리가 다소 높아진 엄마아빠를 보며 아이가 질문할 때, 피하는 것만이 답은 아닙니다. '안 싸우는 모습'을 보여 주는 것보다 '잘 싸우는 모습'을 보여 주는 것이 더 현실적이고 교육적이라고 봅니다. 아이가 청소년기가 되었을 때도 자녀와 '안 싸우는 것'보다 '잘 싸우는 것'이 좋거든요. 살면서 부딪히는 문제에 대해서 피하는 것만이 능사는 아닌 것처럼요.

그러니 4~7세 정도가 되면 이 상황을 설명해 주세요. 자녀를 앞에 두고 부부간에 서로를 흉보라는 것이 아닙니다. 엄마 아빠가 어떤 문제로 서로 의견이 다른데 그걸 어떻게 다루어야 할지 줄다리기 중이라고 아이의 눈높이에서 이야기해 줍니다. 물론 부부싸움을 할 때 표현과 태도는 늘 주의해야 할 것입니다. 적어도 자녀의 정서 지능이 잘 발달하기를 바란다면 말입니다.

평생 쓸 유대감 마일리지를 최대로 끌어올릴 황금기

누군가와 친해지는 효과적인 방법이 무엇일까요? 좋아하는 사람이 생겼을 때, 그 사람에게 호감을 사는 좋은 방법은 무엇일까요? 상대방이 좋아하는 것을 함께하는 것입니다. 양육에서도 다르지 않습니다. 아이와 단단한 유대감을 쌓고 싶다면, 아이가 학교에 들어가기 전에 함께할 시간이 충분한 지금, 양육의 질을 확 올리는 방법이 있습니다. 아이가 좋아하는 것을 함께하는 것입니다.

그래서 조언 드립니다. 우리 부모님들, 체력 기르세요. 아이와 몸으로 놀아 주어야 하는 시기입니다. 아이가 가장 좋아하는 활동이 신체 활동이고, 아이가 가장 좋아하는 사람이 부모이고, 아이의 뇌 발달에 가장 좋은 자극이 스킨십입니다.

우리의 뇌는 발생학적으로 피부조직에서 시작합니다. 피부로 시작하기 때문에, 일상에서 부모와 자녀가 나누는 스킨십이 아이의 뇌 발달에 영향을 주어 정서적 안정감과 유대감을 형성하게 만듭니다. 뇌 발달 초기 시기인 48개월까지가 스킨십이 가장 중요한 나이이고, 그 이후에도 마찬가지입니다. 안고 눈을 맞추면서 젖을 먹인 아기와 눈맞춤이나 스킨십이 없는 상태에서 자란 아기의 뇌 발달은 3분의 2 이상으로 차이가 난다는 연구결과도 있습니다. 얼마나 강력한 발달 자극인가요.

4~7세 자녀의 에너지는 그냥 많아지는 정도가 아니라 기관차처럼 폭주합니다. 이 시기가 양육의 질을 올리는, 정서적 안정감을 마

일리지 쌓듯 최대치로 끌어올릴 황금기여서, 아이의 마음이 가득 찰 만큼 부모가 함께 몸으로 놀아 주는 것이 최선입니다. 스킨십과 놀이가 이 시기 아이에게는 더없이 중요한 자극입니다.

물론 잘 압니다. 너무 힘드시죠. 휴일이면 아이는 블록하고, 부모는 낮잠도 자고 독서도 하면서 충전하면 참 좋을 텐데, 아이가 나가자고 끌어당기면 한숨이 절로 나올 것입니다. 겨울에는 춥고 여름에는 더운데, 추우면 눈사람 만들 상상에 신나 하고 더우면 물놀이 할 상상에 신나 하는 아이의 텐션을 어찌 따라갈까요. 물론 가끔은 신나게 놀아 주지만 어떻게 매번 아이와 그렇게 놀겠습니까? 그래도 최선을 다하려는 마음은 필요합니다. 그런 마음을 실행에 옮기려면 양육자의 체력은 필수입니다.

요즘 부모들은 자녀에 대한 애정과 관심이 많이 높아져서, 유치원이나 어린이집에서 하원하고 나면 놀이터나 공원에 자주 데려갑니다. 온종일 원에서 잘 있어 준 아이에 대한 고마움의 표현이겠죠. 예전에는 엄마들만 있었는데 요즘에는 아빠의 양육 참여도 높아져서 아빠와 자녀만 나온 가정도 많습니다. 손뼉 쳐 드리고 싶습니다. 그런데 아이들끼리 노는 모습을 확인하고 나면 부모들은 자연스럽게 스마트폰을 꺼냅니다. 힘들고 심심하고 어색해서겠죠.

아이들은 물론 친구들과 잘 놉니다. 그런데 부모 한 명이 공룡이 된 것처럼 "다 잡아먹겠어!" 하면서 아이들 사이로 달려들어 보셨나요? 아이들의 텐션이 폭발합니다. 까르르 웃음소리가 하늘을 찌릅니다. 아이가 혼자서 놀 때보다, 친구들끼리 놀 때보다 부모가 개입하면 더 많은 에너지를 쓰고 더 많은 충족감을 느낍니다. 그렇게 놀아 주는 부모가 우리 아빠, 우리 엄마일 때 아이 마음에 담기는 뿌듯함도 이루 말할 수 없겠죠. 그런 마음을 공유하는 몇몇 부모는 눈치껏 돌아가면서 놀이의 악당을 자처하기도 하고 술래가 되기도 합니다. 지혜로운 행동입니다.

자녀가 10대만 되어도 엄마아빠에게 눈길도 주지 않고 집안을 휙 드나드는 시기가 옵니다. 사춘기죠. 그때도 정서적 안정감은 여전히 중요한데요, 그 시기가 되면 가정에서 정서적 안정감을 쌓을 기회는 확연히 줄어듭니다. 그래서 지금, 4~7세 때 열심히 유대감 마일리지를 쌓아 두어야 합니다. 적금을 든든하게 들어 둔다고 다짐하고, 동난 체력을 모으고 모아 아이와 놀아 주세요. 체력이 동나기 전에 건강도 챙겨야 합니다. 운동도 하고 몸에 좋은 식단도 챙겨 드세요.

아이들의 넘치는 에너지를 다루는 방법으로 문학, 예술과 같은 활동을 제안하기도 합니다. 이러한 활동도 에너지를 발산하고 욕구를 표현하는 데 매우 효과적입니다. 그런데 주의할 점이 있습니다. 문학과 예술을 통한 에너지 발산은 학령기 이후가 되어야 유효합니다. 10대 이전, 특히 학령기 이전에는 주로 신체 활동을 통해 에너지를 해소합니다. 제가 굳이 설명하지 않아도 4~7세의 자녀를 떠올리면 이해가 될 것입니다. 엄청난 '에너자이저'이죠. 아이가 뛰놀고 싶어 한다면 이 욕구는 몸으로 놀아야 해소된다는 것을 기억하세요.

부모가 체력을 키워야 하는 두 번째 이유가 있습니다. 체력을 키우면 아이의 부정적 행동을 받아 줄 여력이 생깁니다. 부모도 사회생활을 하고 있고, 아이의 식사를 챙기고 아이를 씻기고 재우고 필요한 돌봄을 하고 나면 이미 에너지를 다 쏟았을 것입니다. 그런데 같이 놀아 주라니, 그것도 아이가 충족될 만큼 함께 놀라니, 정말 어려운 미션 맞습니다. 그래서 이 시기의 양육에서 주양육자와 부양육자의 단단한 협동이 필수입니다. 엄마와 아빠가 모두 적극적으로 양육과 집안일에 참여해야 합니다. 한부모가정이거나 근무 시간의 문제 등으로 돌봄 시간에 협력하기가 어렵다면, 양육에 도움을 받을 사람을 적극적으로 찾아야 합니다. 한 사람의 힘으로 아이를 케어하기에는 이 시기에 발산되는 아이의 에너지가 너무나 커서 버거울 수 있습니다.

4~7세 아이는 아직 미숙해서 실수를 자주 저질러요. 신나서 이야기하다가 버릇없는 표현이 나오고, 흥분해서 움직이다가 이런저런 물건을 떨어뜨리고, 재미있는 놀잇감을 발견하고 빠져들었는데 어른들이 보기에는 사고를 치는 행동인 경우 등 문제 상황이 끊이지 않습니다. 아직 행동과 감정을 조절하는 능력이 미숙해서입니다. 부모가 그런 미숙함을 차분하게 반복해서 알려 주어야 아이는 조절 능력을 배울 기회로 삼는데, 부모가 같이 흥분하여 과하고 부정적인 피드백을 주면 아이도 문제 상황에서의 반응 방법을 그렇게 학습하게 되겠죠.

그런데 부모도 감정 조절이 힘들 때가 있습니다. 몸살이 나서 아플 때를 떠올려 보세요. 누가 말만 걸어도 대꾸하는 것조차 힘들 수 있습니다. 그럴 때 신경을 거스르는 어떤 일이 있다면, 다정하게 대응하기가 더더욱 쉽지 않죠. 병에 걸리지 않았더라도 우리의 체력이 방전되면 아이의 여러 행동과 마음을 받아 줄 여력이 충분하지 않게 됩니다.

아이의 행동을 여유 있게 받아 주고, 반복적으로 설명해 주면 아이는 부모처럼 흥분을 가라앉히는 조절 능력을 배우게 됩니다. 그래서 부모의 안정된 정서가 중요하고 부모의 마음 건강, 신체 건강을 챙겨야 합니다.

우리의 뇌는 자주 쓰는 생각과 감정의 연결선을 강화합니다. 길이 없던 곳도 자주 걸어다니다 보면 산책로가 생깁니다. 뇌도 부정적인 감정을 자주 느끼고 그런 상황이 반복되다 보면 그 감정의 회로가 강화됩니다. 그러면 부정적으로 보지 않아도 될 상황에서도 습관처럼 부정적 감정을 쏟게 됩니다. 양육에서의 감정도 마찬가지입니다. 아이에게 처음 화를 내고 나면 자책감이 들다가도, 두 번, 세 번 반복되면 자책감도 줄어듭니다. 그런 행동을 자주 하게 됩니다. 아이의 행동이 못마땅해 보이기 시작하면, 아이가 하는 모습을 부정적으로 해석할 여지가 점점 더 많아집니다.

정신건강의학과에서 다루는 심리치료 방법의 하나가 긍정적인 생각, 긍정적인 해석, 긍정적인 이미지 보기를 자주 하는 것입니다. 습관적으로 드는 부정적인 생각의 회로보다 긍정적인 생각의 회로를 강화하려는 방법들입니다.

그러한 인지심리치료의 방법 이전에 마음의 감정 회로를 바로잡는 데 일차적으로 도움을 주는 것이 바로 체력입니다. 아침에 일어나 햇볕을 쬐면서 간단한 스트레칭으로 생체리듬을 바로잡으세요. 건강한 음식을 먹고 적정한 움직임을 통해 건강을 유지하세요. 스트레칭과 운동을 짬짬이 하세요. 몸이 아프면 참지 말고 치료를 받으세요. 단체나 기관에서 운영하는 지역육아지원센터, 육아 모임 등 공동 육아 프로그램에도 참여해 보세요. 그리고 잘 쉬세요. 아이가 등원했거나 잠깐이라도 여유가 생기면 틈틈이 집안일을 하기보다 틈틈이 잘 쉬고 건강을 챙기면서 아이와 함께할 체력을 비축하세요. 부모의 몸과 마음이 건강해야 아이의 몸과 마음도 건강합니다.

CHAP 5. 내 마음을 다루는 능력, 정서 지능

조절 능력과 정서 지능을 주도하는 뇌의 핵심, 전두엽

IQ만큼 EQ를 중요시하는 시대입니다. EQ는 정서 지능 지수를 말하는데요, 한마디로 정서 지능이 인지 지능 발달만큼 중요하다는 메시지입니다. 정서란 감정을 다루는 것인데, 그것을 왜 '지능'이라고 표현하는 것일까요? 정서 지능을 잘 들여다보면 우리가 감정을 다루고 표현하는 것이 얼마나 고차원적인 두뇌 활동인지 이해하게 됩니다.

정서는 측두엽의 안쪽 부위에 있는 해마, 편도체 등에서 시작됩니다. 여기서 본능적인 감정이 만들어집니다. 그런데 우리의 감정은 그저 '느껴지는 것' '그러한 기분'이 다가 아닙니다. 감정을 표현하는 과정으로 나아갑니다. 감정에 따라 우리 몸에서는 때로 땀이 나고, 심장이 뛰고, 얼굴이 달아오릅니다. 감정을 표현하고 나면 감정을 다루는 과정으로 나아갑니다. 어릴 때는 느껴지는 감정을 그대로 말이나 표정, 행동으로 내보였다면, 성인이 될수록 지금 느껴지는 감정을 어떻게 표현할 것인가를 선택하게 됩니다. 감정을 표현했을 때 상대방과 주변의 반응, 상황 등을 고려하는 것입니다.

이렇게 감정을 처리하고 조절하는 부위가 바로 똑똑한 뇌, 조절 부위인 '전두엽'입니다. 흥분성 뉴런이 억제성 뉴런의 발달을 자극하기 때문에, 발산하려는 에너지가 커질 때 충분히 에너지를 발산하고 표현해 주어야 해당 회로가 발달하면서 조절 능력도 함께 자란다고 했는데요. 정서 지능도 감정을 느끼고, 인식하고, 표현을 조절하는 능력에 따른 반응이므로 4~7세가 발달의 적기가 됩니다.

뇌 발달은 크게 두 가지로 이루어집니다. 먼저 뇌 안에서 무수한 연결망(시냅스)이 생겨나야 하고, 두 번째로 그 무수한 연결망에서 유효하고 자주 쓰는 것을 남겨놓고 잘라내는 가지치기가 일어납니다. 따라서 뇌 발달에 맞는 다양한 자극을 주어 여러 연결망을 활성화하는 것과, 적기에 맞는 자극을 집중적으로 주어 가지치기를 돕는 것의 균형을 맞추어야 합니다. 결국 아이 뇌는 스스로 그렇게 발달해 나갑니다. 부모는 아이의 반응과 요구에 맞게 반응해 주면 됩니다.

우리가 '똑똑하다'고 말하는 기능을 관장하는 '전두엽'이 잘 발달한다는 것은, 먼저 전두엽과 연결된 여러 회로가 많이, 촘촘하게 연결되었다는 것이고, 이는 만 3세 무렵까지 가장 활발하게 이루어집니다. 평생 필요한 양의 두 배를 만들어 놓죠. 그리고 본격적인 가지치기는 10대에 접어들면서 이루어집니다. 그렇다면 4~7세의 전두엽은 어떨까요? 충분히 만들어진 시냅스의 연결을 강화해 갑니다. 외부 자극에 반응해 어떤 환경에든 적응할 수 있도록 적절한 길을 탄탄하게 만들어 가면서 상황과 환경에 적응해 나갑니다. 이러한 신경가소성은 평생에 걸쳐 일어나지만 가장 활발한 시기가 만 7세까지입니다.

4~7세에 똑똑한 뇌를 위해 전두엽을 잘 발달시키려면 전두엽의 시냅스를 활성화해야 합니다. 뇌의 각 부위 간에 촘촘히 연결된 신경망은 어떻게 다루어 줄까요? 해마, 편도체에서 나오는 다양한 감정 자극도 중요하고, 대근육과 소근육을 골고루 쓰면서 두정엽의 운동/감각기관도 자극해야 합니다. 그리고 각 회로가 잘 연결되도록 생각과 행동, 감정의 길을 안내해 주는 것이 필요합니다. 가지치기하기 전에 어떻게 다루어야 하는지, 어떤 길을 강화할 것인지 정리해 놓는 것입니다.

그래서 정서 지능이 중요합니다. 본능적으로 느껴지는 감정을 어떻게 해석해서 어떻게 다루게 하느냐가 전두엽을 잘 자극하도록 결정한다고 생각해 보세요. 예를 들어 '낯설다'라는 감정을 '새롭다'라는 감정으로 해석하게 만들지, '불안하다'라는 감정으로 해석하게 만들지 훈련하는 과정입니다. '게임에 져서 슬프다'라는 감정이 들 때 '다음에는 더 잘하도록 연습할 거야'라는 의지로 해석할지, '슬프다'라는 감정에 매몰되게 둘지를 안내하는 시기입니다.

똑똑한 뇌인 '전두엽'과 연결된 시냅스가 잘 활성화되면, 지적 발달과 더불어 이성적인 생각, 감정의 조절, 행동의 조절이 잘 이루어집니다. 이러한 전두엽의 발달을 이끌어 내는 것이 해마와 편도체의 에너지 발산 욕구, 감정의 표현 욕구, 신체적 표현 욕구 등입니다.

그래서 감정을 잘 조절하려면 일단 감정을 잘 읽어내고 잘 표현하는 것이 시작입니다. 4~7세 아이들은 감정을 잘 표현하는 법에 아직 미숙하죠. 아이들은 '미움'과 '질투'가 다르다는 것을 아직 잘 모릅니다. '좋다' '싫다'로 두루뭉술하게 느낍니다. 그래서 정서 발달에는 부모의 적절한 개입이 필요합니다. 감정을 알아차려 주고 읽어 주는 것입니다. 그래야 그 감정 이후에 어떤 반응을 하는 것이 맞는지를 이성적으로 판단하게 되니까요.

"친구가 밀었는데 사과를 안 해서 속상하구나."

"아빠 보고 싶은데 늦게 들어와서 슬프구나."

"네가 안 그랬는데 엄마가 오해해서 억울했구나. 그래서 엄마 밉다고 했구나."

부정적인 감정뿐 아니라 긍정적인 감정도 읽어 주면 좋습니다.

"주은이가 너 좋아한다고 하니까 기분 좋았구나."

"이렇게 많은 블록을 완성하다니 뿌듯하겠다!"

부모가 아이의 감정을 읽어 주면, 아이 스스로도 자기의 기분을 이해할 수 있게 됩니다.

자기 기분을 알고 자기 생각을 객관적으로 읽는 과정은 '자기 인식 능력'으로 발달합니다. 단순히 자신이 어떤 기분이 드는지를 넘어서 자기의 강점, 생각, 한계까지 인식하는 발달 단계로 나아가는 것입니다. 나아가 자기감정을 읽으면서 화를 내고 소리 지르고 싶은 충동을 다루는 조절 능력을 키우게 되고, 이는 자기 생각과 태도를 점검하는 정직성과 성실성, 나아가 적응력의 토대가 됩니다.

자기감정을 잘 조절할 줄 아는 아이는 친구의 감정도 토닥여 주는 모습을 보입니다. 엉엉 울고 있는 친구에게 다가가, 자신이 엄마에게 위로받았을 때처럼 친구 등을 토닥이기도 하고, 장난감을 양보해 주기도 합니다. 친구의 속상해하는 감정과 상황을 이해했다는 뜻입니다. 그리고 공감했다는 것이죠. 뇌가 한 단계 더 발달하여 공감 능력과 사회성이 발달해 갑니다. 정서 지능이 뛰어난 친구들은 결국 상대방의 마음을 얻기가 수월해집니다. 소통 능력과 리더십, 설득력의 기본이 됩니다.

이렇듯 '자기감정을 알아차린다' '감정을 조절하게 된다'는 것이 자기 인식 능력, 정직성, 적응력, 공감 능력, 사회성, 소통 능력, 리더십 등 고차원적인 능력으로 발달하는 토대가 됩니다. 그래서 4~7세에는 흥분성 뉴런이 잘 발달해야 합니다. 아이들이 자기감정을 세분화해서 알아차리도록 부모는 아이의 마음을 읽어 주는 훈련을 부지런히 해야 합니다. 처음부터 차분한 아이는 없습니다. 천 리 길도 한 걸음부터입니다.

아이 마음을 읽어 주며 긍정 회로를 강화할 기회

흥분성 뇌(본능적 뇌)와 억제성 뇌(이성적 뇌)를 잇는 회로가 강화되기 시작하는 4~7세에는 시행착오가 많습니다. 전두엽은 본능적 뇌에서 보내오는 다양한 감정을 어떻게 처리할지, 어떻게 반응해야 하는지에 대한 경험치가 부족합니다. 그래서 이때가 뇌를 디자인할 기회입니다. 어떤 경험치를 쌓아주느냐에 따라 어떤 회로가 강화될지의 가능성이 열려 있기 때문입니다.

유·소아기 아이들의 정서 지능을 키우려면 세 가지 단계를 지나면 됩니다. ① 아이가 자신의 다양한 감정을 있는 그대로 느끼게 하기 ② 그 감정을 읽어 주기 ③ 그 감정을 다루기

우리는 쉽게 오해합니다. 부정적 감정은 눌러야 한다고요. 앞서 부모의 체력을 기르는 부분에서 저는 '부정적 감정의 회로가 강화된다'는 표현을 쓰기도 했습니다. 그런데 4~7세는 본능적 뇌의 다양한 반응을 있는 그대로 받아 주는 것이 도움이 됩니다. 감정은 감정입니다. 화, 분노, 수치심, 미안함, 의아함 등의 부정적 감정도 마찬가지입니다. 어떤 감정이든 옳다, 그르다로 가치판단을 받을 수 없습니다. 힘든 상황에서는 부정적 감정이 드는 것이 본능입니다. 다만 이제 성장하면서 그 감정을 긍정적으로, 더 나은 길로 '해석'할 전두엽의 능력을 키우게 된 것이죠.

그래서 아이가 부정적인 감정을 표현할 때, 그 감정 자체를 지적하고 혼내는 것은 발달에 도움이 되지 않습니다. 정서 지능을 발달

시키기 위한 우리의 양육 방향은 감정을 '읽어내는' 쪽으로 가야 합니다. 스스로 감정을 읽고 다루도록 안내하는 방향이 되어야 합니다. 감정은 '억누르는 것'이 아닙니다.

0~3세의 아이는 또래보다는 양육자나 교사와의 교감에 더 관심이 많습니다. 그러다가 4~7세가 되면 친구들과의 교감과 교류가 많아지기 시작하죠. 미성숙한 또래들과의 만남이 잦아지면서 아이의 감정은 더 자주 표현될 것입니다.

그 감정은 다양하게 표현될 텐데요. 미소 짓거나, 웃거나, "좋아!"라고 말하거나, 삐지거나, 울거나, 소리 지르거나, 떼를 부리거나, 숨어 버립니다. "싫어!" "미워!"라고 말로 표현한다면 그나마 쉽겠지만, 행동으로 표현된다면 그것을 부모가 말로 읽어 주는 모습을 보여 주세요.

"좋았어?" "재밌다!" "이상하지?" "억울하겠다." "심심했어?" "속상하겠다." "슬프지? 엄마도 슬퍼." "아빠가 그런 상황이었다면 화가 날 것 같아! 너도 그래?"

특히 "엄마 미워" "아빠 싫어"와 같은 말을 들으면, 부모 스스로도 감정 조절이 안 되어서 아이에게 화를 내기 쉬운데요. 심지어는 아이랑 똑같이 "나도 너 미워!"라고 응수하는 부모도 있죠. 이럴 때는 어른인 우리가 아이의 표현 이면에 담긴 감정과 상황을 읽어야 합니다. 부모 자신이 감정 조절이 안 되어서 아이와 똑같이 화내고 혼내면, 아이는 아무것도 학습하지 못합니다.

아이가 표현하는 말 자체로 해석해서도 안 됩니다. 아이는 상황을 세분화해서 표현할 능력이 안 되어서 많은 말을 숨겨 놓습니다. "엄마 미워"는 "엄마 (늦게 와서 나 혼자 있는 시간을 보내는 게 힘들고 그래서) 미워"의 줄임말이고, "아빠 싫어"는 "아빠 (갑자기 화내면 내가 깜짝 놀라잖아, 그렇게 하는 거) 싫어"의 줄임말입니다. 그 숨겨진 말을 찾아내면 아이의 표현이 이해가 되죠. 아이는 그저 부모 품에서 더 따뜻한 애정을 원하고 있을 뿐입니다.

말로 아이의 감정을 읽어 주라고 하면, 부모도 참 어려워합니다. 평소에 부모와 아이가 함께 감정을 다룬 그림책을 읽어 보면 큰 도움이 됩니다. 다만 아이의 감정을 읽어 줄 때 과하게 반응하지는 마세요. 아이의 목소리 톤이나 행동 등의 표현이 최고 등급인 10일지라도, 부모는 4~5 정도의 평상심을 유지하며 반응해 주세요. 아이가 흥분했다고 해서 부모가 덩달아 흥분한 모습을 보이면 아이는 '조절'을 모델링하지 못합니다.

감정을 읽어 주었다면, 조절하는 법도 알려 주세요. 긍정적인 감정이든, 부정적인 감정이든, 어른들은 감정이 폭발하려고 할 때 사회적 분위기에 맞는 행동과 지침을 하도록 절제할 줄 압니다. 전두엽이 자제시키기 때문에 너무 크게 웃거나 다른 사람이 불편할 만큼 화를 내지 않죠. 우리는 사회적 동물이기 때문에 나의 감정 표출이 미치게 될 상대방과 공간의 분위기에 신경을 씁니다. 그 상황에 맞는 '표현의 방식'을 선택하는 기술이 늘면서 스스로 감정의 양이 너무 커지지 않도록 다듬을 수 있습니다. 아이에게 그 과정을 알려 주는 것입니다.

사실 부모가 가르쳐 주지 않아도 아이는 '눈치'로 그것을 알아차릴 수 있습니다. 눈치란 분위기를 보고 자기가 미움받지 않을 정도의 반응을 하는 것이죠. 사회적 동물인 인간의 본능적 반응입니다. 그래서 눈치도 정서 지능입니다.

아이가 눈치껏 배우기도 하지만 부모가 애착과 정서 충족, 모델링으로 감정을 읽어 주고 표현하는 방법을 알려 주는 것이 '양육 환경'을 제공하는 것입니다. 인간의 능력은 타고나는 유전과 기질이 반이라면, 주어지는 환경이 반입니다. 그래서 아이에게 부모가 적절한 환경을 제공하면 아이의 발달은 더 안정적이고 빠르게 이루어집니다.

감정을 읽어 줄 뿐 아니라 감정을 스스로 누그러뜨리는 방법도 알려 주어야 합니다. 아이의 감정 표현이 과하다면, 아이에게 옆 사람이 놀라니까 소리를 좀 낮추자고 말해 줄 수 있습니다. 아이가 계속 힘들어하면 부모가 가만히 안고 토닥여 줄 수 있습니다. 때로는 옆에 조용히 있어 주는 것만으로도 충분합니다. 아이가 계속 토라져 있을 때는, 마음이 풀리면 엄마에게 오라고 말해 주고 잠시 혼자 두어도 됩니다. 어떤 감정이든 시간이 지나면 좀 가라앉기 마련입니다. 아이가 스스로 감정을 가라앉힐 수 있도록 시간을 주는 것이 포인트입니다.

전두엽은 20대 초반까지도 발달해 나갑니다. 즉, 그전까지는 미숙합니다. 그런데 4~7세 아이들에게 당장 감정을 조절하고, 자기 욕구를 가라앉히고, 부모와 교사가 요구하는 적절한 반응만 내보이고, 친구에게 친밀감을 내보이는 등의 완성도 높은 반응을 기대할 수 있을까요? 무리입니다. 심지어 부모님 스스로를 돌아보았을 때도 그렇게 완벽한 반응은 보일 수 없었으리라 생각합니다. 청소년기에도 청년기에도 마찬가지입니다. 그런데도 소아기인 우리 자녀에게 너무 높은 기대치를 요구하고 있는 것은 아닌지 돌아보세요.

4~7세는 정서 지능을 키우는 두뇌가 여러 길을 만들고 강화하면서 자극받고 있는 시기입니다. 이 시기에 정서 지능이 잘 발달하면 나의 감정을 잘 다루는 것을 넘어서 상대방의 감정에 공감하고 위로하는 공감 능력도 자랍니다. 생존적으로 눈치 보는 반응을 넘어서, 타인의 감정을 헤아리고 다독일 정도까지 조금씩 조금씩 성장해 갈 수 있게 됩니다.

마음을 금방 드러내는 아이들, 놀이가 치료가 되는 이유

정신건강의학과에서 성인을 대상으로 하는 정신치료, 상담치료가 효과를 보이기 시작하는 시점이 언제일까요? 내담자가 자기 마음을 열어 보이는 순간입니다. 마음이 아파서 진료실 문을 두드렸지만, 많은 사람이 자신의 솔직한 감정과 생각을 내보이려고 하지 않습니다. 벽을 여러 겹 두고 있죠. 그래서 정신과전문의는 그 벽을 하나씩 허물기 위해 대화를 끌어내고, 심리 검사를 시행하기도 합니다. 그래도 내담자는 치료자와 상당한 신뢰와 관계를 쌓기 전까지 진심과 무의식을 잘 드러내지 않죠. 그러다가 꽤 오랜 시간이 흐른 뒤 '이 의사는 내가 어떤 말을 해도 수용하겠구나' 싶으면 마음을 아주 조금 드러냅니다. 꿈을 꾼 이야기도 하고, 어릴 적 이야기도 꺼냅니다.

소아·청소년정신건강의학과에서 아이들을 진료할 때는 어떨까요? 아동의 경우 마음을 더 빨리 드러냅니다. 마음을 드러내면 치료할 방향을 잡게 되므로, 치료 경과도 성인보다 더 다이내믹하게 이루어집니다. 발달 중인 뇌이기에 치료의 접근이 조심스럽고 신중해야 하지만, 치료의 반응이 성인보다 빠르게 드러나는 편입니다.

겉으로 표현되지 않고 억제된 마음속의 무언가는 꽁꽁 숨겨 둘수록 매우 크게 느껴지고, 그래서 사람들은 그것을 내보이기를 두려워하게 됩니다. 그 두려움에 압도되죠. 그런데 그것을 툭, 꺼내 놓는 순간 그것이 아주 작고 힘없는 어린아이 같은 감정임을 알게 됩니다. 그것을 객관적으로 보게 되면서 별것 아닌 문제임을 인식하면 그 감정의 역사를 다룰 가능성이 시작됩니다.

성인의 경우 이 작은 마음을 아주 여러 겹의 벽으로 쌓아 놓아서 심층적인 대화를 통해 벽을 하나씩 허물면서 마음을 들여다보도록 안내하는 것이 더 치료 효과가 좋습니다. 그런데 아동의 경우는 놀잇감을 선택할 때부터 마음을 열기 시작하므로 놀이치료를 하는 과정에서 자연스럽게 내면을 드러냅니다.

놀이치료는 여러 놀잇감 중에서 아이가 어떤 것을 선택하는지 결정하는 것에서 시작합니다. 장난감을 선택하는 데서 자기 마음을 표현하기 시작하는 것입니다. 그 작은 선택 과정에서 억제된 마음이 풀리기 시작하는 것이죠. 놀이치료가 유효한 연령대가 유·소아인 것도 이러한 이유입니다.

놀이치료는 아이마다 다른 방식으로 전개됩니다. 특히 신경증적인 아이들, 불안도가 높은 아이들에게 더 의미가 있는데요. 자신의 불안 대상을 치료자가 알아차려 주면, 아이들은 그것을 치료자와 함께 다루어야 할 대상으로 인식하기 시작합니다. ADHD를 가진 아이들은 판타지와 욕구를 너무 드러내서 바로 행동으로 내보이기 때문에 오히려 표현보다 통제를 가르치는 방향으로 놀이치료가 진행됩니다.

놀이치료가 어려운 아이들도 있어요. 틱장애가 있는 아이들은 어른처럼 내면에 강박성, 완벽성이 있어서 자기 생각, 판타지를 드러내지 않으려고 합니다. 질투심과 진심을 절대 내보이지 않아요. 그래서 놀잇감을 고르라고 해도 먼저 고르지 않습니다. 치료자가 제시하는 것만 하려고 하고, 주어진 것만 하려고 합니다. 그림을 그릴 때도 자기 무의식보다 상대가 원하는 내용을 꺼내 놓습니다.

놀이 치료를 불안이나 ADHD, 틱과 같은 질환을 예로 설명했는데, 일상에서 우리 아이들이 무의식을 드러내는 패턴도 이렇게 제각각 다릅니다. 하지만 기본적으로 아이들은 성인보다 마음을 쉽게 내보입니다. 내 아이의 마음을 읽기가 어렵다고 느껴진다면, 부모가 알려는 노력이 부족했던 것은 아닌지, 부모의 완벽주의나 통제적 성향이 강해서 아이가 마음을 꺼내놓을 여지가 부족하지 않았는지, 아이의 행동을 읽어 주는 것이 아니라 평가하느라 부모 내면의 기준에 가려져 보이지 않는 것은 아닌지 점검했으면 합니다.

놀이치료에서 주로 사용되는 방법들을 집에서 적용해 보는 것도 내 아이를 이해하는 데 도움이 됩니다. 종이를 구기고 찢고 던지는 활동이나, 대형 공룡모형을 치고 발로 차는 놀이가 있습니다. 가끔 이런 활동은 아이의 공격성을 자극하는 것 아니냐고 묻는 부모가 있는데요. 아직 감정을 말로 표현하는 데 미숙한 아이라면 해소의 차원에서 도움이 됩니다. 그 감정을 해소할 수 있는 공간을 마련해 주는 셈입니다. 충분한 발산 후에는 조절하려는 마음도 올라갑니다. 다만 이러한 활동 뒤에 감정을 말로 읽어 주는 과정이 따르게 됩니다.

작은 신체적 기술로 승부를 보게 하는 다트나 화살쏘기, 보드게임 등을 통해 크고 작은 승부를 맛보게 할 수도 있습니다. 놀이 중 부모와 소통하는 과정에서 자연스럽게 자기 요구를 표현하는 훈련을 하게 되고, 사회성도 높일 수 있습니다.

사람에게 여러 감정이 있다는 것을 알려 주는 좋은 방법은 동화책 읽기와 역할 놀이입니다. 감정을 주제로 한 그림책을 읽어 주는 것도 좋고, 스토리가 있는 동화책을 통해 주인공의 감정 변화를 따라가게 하는 것도 좋습니다. 물론 아이의 표현이 아직 미숙해서 "콩쥐 슬퍼" "병관이 나빠" 등 주인공의 마음을 단순하게 표현하겠지만, 괜찮습니다. 다양한 마음 표현은 책을 통해 간접적으로 차츰 배워 갑니다. 부모와 함께하는 정서적인 시간을 갖는 것 자체로도 발달에 좋고요.

역할 놀이도 좋습니다. 아이에게 선생님 역할을 맡기면 평소 기관에서 어떻게 교육받는지 눈치챌 수 있기도 합니다. 그런데 저는 부모와 아이의 역할 바꾸기도 자주 추천합니다. 아이가 부모 흉내를 내는 것을 보면 평소 자기 모습에 대한 반성을 절로 하게 될 것입니다. 부모가 아이처럼 떼 부리거나 삐지는 척하면 아이가 매우 재미있어 하면서 아이 스스로 자신의 평소 모습에서 고쳐야 할 부분을 알아채기도 합니다.

가끔은 역할 놀이를 학습의 방법으로 적용해 볼 수도 있습니다. 아이가 교사, 부모가 학생이 되어서 배운 내용을 설명해 달라고 하는 것인데요. 초등학교 수학 교과서를 보면, '문장제'가 많습니다. 예전처럼 단순 연산이나 단답형 정답을 구하는 과정이 아니라, 문제를 풀어 가는 과정을 설명하도록 안내합니다. 그래서 학습 연관한 역할 놀이는 아이가 가르치는 사람의 입장에서 설명하고 질문에 답변도 하면서 학습한 내용의 목표와 의도를 자연스럽게 파악하게 하는 데 도움이 됩니다. 이것은 만 6~7세는 되어야 가능한 활동입니다. 일찍부터 무리하지는 마세요.

최근 '메타인지'라는 말을 자주 쓰는데요. 자신이 무엇을 알고 있고 무엇을 모르는지, 자기를 객관화해서 바라볼 수 있는 능력을 말합니다. 아이가 알고 있는 정보나 사실을 왜 그렇게 생각하는지 물어보고 관심 있게 들어 주세요. 아이가 설명하는 과정에서 자신이 무엇을 모르는지, 어떤 부분에서 막히는지 알아차릴 기회가 됩니다. 차츰 설명의 양과 질도 늘어나 표현력을 늘리는 데 좋은 훈련이 됩니다.

모든 과정에서 중요한 것은 아이의 마음을 알아차려 주는 것입니다. 아이는 작게라도 자기 마음을 알아주는 사람에게 금방 마음을 엽니다. 상대가 부모라면, 아이는 자기 마음을 알아주는 부모에게 안정감을 느낍니다. 정서적 안정감을 키우는 것은 아이의 마음을 알아주고 말로 표현해 주는 소소한 일상에서 시작됩니다.

CHAP 6. 정서 지능이 학습 능력을 키운다

탐구하고 싶은 호기심, 칭찬받아 온 경험이 만드는 학습 능력

예술을 전공한 부모를 보고 자란 아이가 악기나 음악, 미술 등의 예술 활동에 관심을 가지는 경우가 많습니다. 체육인이었던 부모라면 자녀도 체육에 관심을 가지고 진로를 찾는 경우도 많죠. 이를 '유전자'로 보기도 하지만, 저는 '초기 환경'의 결과도 중요하다고 봅니다.

부모의 주된 관심사가 집안 곳곳에 있을 것이고, 평소 대화나 생활 모습에서도 더 드러났을 것입니다. 부모가 아이에게 자주 보여 준 모습이 영향을 미쳤을 것입니다. 부모의 직업에 자녀가 관심을 갖게 되면서 자연스럽게 더 그 분야를 알게 되었을 것입니다. 부모는 아이에게 가장 핵심이 되는 양육 환경이기에, 부모의 관심사는 아이에게도 호기심을 갖게 하는 대상이 됩니다. 그래서 부모의 사고방식을 모방합니다. 부모를 좋아하니까요.

아이가 어릴 적 좋아하는 대상이나 행동이 있다면 이는 기질과 더불어 초기 환경의 영향을 받았을 가능성이 큽니다. 보고 듣고 관찰하게 되는 것, 특히나 그 활동을 부모와 함께한다면 아이의 관심사를 정하는 중요한 방향 설정이 됩니다. 음악적인 자극이 전혀 없이 자란 아이가 유치원에 가서 갑자기 음악에 흥미를 보일 가능성은 드물죠. 새로워서 흥미를 보일 수는 있지만, 원래부터 관심이 있던 아이들만큼 지속적으로 관심을 보이고 잘하기는 힘듭니다.

악기를 다룰 수 있는 연령이 정해져 있지는 않지만, 아이가 어려서부터 부모의 악기 다루는 모습을 보아 왔고, 자신도 피아노를 두드리거나 피리를 불면서 놀았다면, 그 아이는 해당 악기를 다루는 데 있어 더 잘할 수 있는 유리한 위치에 있다고 봅니다.

그래서 초기 환경이 어떠한가에 따라 아이의 관심도, 선호도가 결정됩니다. 그러한 선호도가 결정되면 여러 번 반복하는 시간을 갖게 됩니다. 결국 여러 번 반복하는 과정이 연습이 되고, 좋은 결과를 낼 성공 경험을 만들어 내겠죠.

특히나 어릴 때는 아이들이 뭔가를 시도하기만 해도 부모, 어른들이 긍정적으로 호응해 주고 그 실력을 평가하지 않습니다. 경쟁이나 비교도 당하지 않습니다. 그래서 그 활동을 좋아하고 악기를 다루는 것 자체에서 만족감을 느낍니다. 게다가 부모들은 내 자녀가 조금이라도 잘한다고 느끼면 어떻게 하나요? 영상을 찍어서 주변에 공유하면서 아이의 모습을 자랑하고 사랑스러워합니다. 인간은 사회적 동물이기에, 아이는 부모의 기뻐하는 모습을 굉장한 보상reward으로 받습니다. 또한 주목받을 수 있는 무기도 획득한 셈입니다. 자신이 이렇게 주목받을 수 있다는 것에 기쁨을 느끼고, 그래서 더욱 그 행동을 반복하게 되고, 더 정교하게 만들어 나갑니다. 연습하는 과정이 반복되면서 결국 좋아하는 것이 잘하는 것이 됩니다.

자녀가 어떤 재능을 보일 때, 기질적으로 연관되는 부분이 반이라면, 초기 환경에 따라 수많은 성공 경험, 관계 경험, 정서적 지지를 받은 경험이 쌓이면서 재능이 더욱 무르익게 됩니다. 우리가 흔히 자녀에게 책 읽는 습관을 들이고 싶으면 부모부터 책을 읽으라고 말하는 것도 비슷한 맥락입니다. 자녀가 부모를 보고 따라 하는 모델링은 부모의 관심사를 아이와 공유하는 초기 환경을 마련하는 것과 같습니다. 책뿐만이 아닙니다. 부모가 식물에 관심이 있다면, 블록을 좋아한다면, 신문 보는 것을 즐겨한다면, 일러스트 그리는 취미가 있다면 이러한 부분들이 모두 아이에게 새로운 자극이 될 수 있습니다.

공부와 상관없는 것들이라고요? 그렇지 않습니다. 공부도 결국 우리가 인생을 살아가는 데 있어 발견한 것들, 능력을 키울 수 있는 것들, 더 탐구하고 싶은 호기심에서 비롯되기 때문입니다. 그래서 어려서부터 부모를 모델링하면서 초기 환경의 자극을 받아온 아이들은 뭔가를 한 번이라도 더 해 본 경험, 뭔가를 좀 더 관심 있게 관찰해 본 경험, 뭔가를 수행해서 칭찬받아 본 경험이 쌓여 있습니다. 이러한 경험치가 쌓이면 일상의 발견을 좀 더 정교하게 풀어낸 학업에 대한 관심으로 연계하기가 수월합니다. 성공 경험 자체가 주는 힘도 매우 큽니다.

또한 악기를 다루고 도형을 다루고 특정 정보를 쌓아가는 과정들은 수학적이고 과학적이고 문학적인 작업이 복합된 고도의 활동입니다. 그런 것들을 쉽게 해냈다고 생각하지만, 쉽게 할 수 있도록 뇌의 여러 부위가 함께 자극되고 발달하면서 숙련되었을 것입니다. 4~7세의 아이들에게는 두뇌의 여러 부위를 자극해 주는 것이 당연히 좋을 수밖에 없죠.

부모의 직업, 일상의 취미, 관심사를 아이와 자주 나누세요. 소소한 일상이 아이의 정서적 만족감을 채울 뿐 아니라 세상에 대한 호기심을 키우고 시야를 넓힙니다. 안 쓰던 뇌의 부위가 자극됩니다. 역시 부모는 아이에게 가장 중요한 양육 환경입니다.

상상하는 아이들에게 팩트 체크가 필요하지 않은 이유

4~7세의 조절 능력은 우리가 생각하는 이성, 감성의 조절이 아니라 운동조절 능력, 감각조절 능력을 획득하는 것에서 시작합니다. 운동과 감각은 매우 밀접한데요, 운동은 시각적으로 무언가를 보고, 본 것을 처리해서 운동 중추에 신호를 보내고, 그 신호를 받은 뇌가 특정한 신체 반응을 하라고 코디네이션했을 때 제대로된 동작이 나

오는 것입니다. 이 시기 아이들이 자주 하는 '춤추기'가 바로 그런 예죠. 동작을 캐치하고 박자에 맞춰 그 동작이 나와야 하고 그 동작을 제대로 된 자세로 표현하는 과정입니다. 4~7세는 몸을 움직이라는 사인을 빨리, 잘 획득해 내는 적기입니다. 그래서 이 시기에 신체 활동이 필요합니다. 이때 발달된 운동/감각조절 능력은 어른이 되어서 신체적 균형을 이루는 데에도 도움이 됩니다. 그리고 신체적 균형이 인지적 균형을 이루는 바탕이 됩니다.

부모의 취미활동, 관심사가 아이의 발달을 촉진하는 환경이 된다고 앞서 설명했는데요, 이러한 예술적 활동도 지적 발달에 매우 도움이 됩니다. 예술 활동은 상상의 표현입니다. 상상력이 가장 활발한 시기가 4~7세죠. 우리 아이들은 예술가로서의 엄청난 잠재력을 가지고 있습니다. 말도 안 되는 것끼리 연합하고 연결해서 엄청난 스토리텔링을 구사합니다. 태양이 갑자기 바닷속에서 솟아오르는 등의 신화적 상상력이 일상에서 나옵니다. 이러한 상상력이 운동/감각조절 능력과 결합해서 아웃풋으로 표현된다면 어떨까요?

"아이고, 우리 딸이 아직 과학을 안 배워서 모르겠지만, 해는 바닷속에서 나오는 게 아니야. 해는 지구 밖에 있어! 지구보다 더 커!"

굳이 이렇게 팩트 체크를 해 주지 않아도 됩니다. 이 시기에는 정보 입력보다 상상 발산이 훨씬 좋습니다. 지식은 이후에 얼마든지 채워 넣을 수 있지만, 상상력이 무한하게 뻗어나가는 것을 막으면 창의성이 계발되기 어렵거든요. 상상해 본 그 주제에 대해 차후 학습 과정에서 정보를 얻으면, 그 정보를 더 오래 기억하기도 합니다. 자기 상상을 공감받는 정서적 지지도 아이에게 계속해서 창의적인 활동을 할 자양분이 되지요. 그래서 그림, 음악, 생각 발표하기, 이야기 만들기와 같은 활동을 충분하게 하면서 상상이 허용되는 시간을 많이 갖게 하는 것이 좋습니다. 제일 좋은 방법은 아이와 산책하면서 나누는 대화입니다. 자연에서 보는 것들을 주제로 이야기를 만들어 나가 보세요. 부모가 굳이 묻지 않아도 4~7세 아이들은 "저건 왜 그래?"의 질문이 넘쳐날 것입니다. 이를 상상을 펼칠 기회로 만들어 보세요. "네 생각엔 왜 그럴 것 같아?"

이 시기에 창의성의 범위가 넓어지면, 차후 학령기가 되었을 때 서로 다른 교과목의 학습 내용을 매칭시키고 융합시키는 능력으로 자연스럽게 이어집니다. 이것이 메타인지 활동입니다. 4~7세에 상상을 몸으로, 그림으로, 노래로 표현해 본 경험이 쌓인 아이들은 학령기에 배우는 영어, 국어, 수학 등의 논리적 구조를 통해서 자기를 표현하는 인지 활동도 잘 해냅니다.

말도 안 되는 것끼리 연결하고, 자유로운 판타지를 표현할 기회를 허용해 주세요. 다만, 이 활동이 효과적이려면 그림이든 음악이든 신체적 활동이든 아이가 선택한 것이어야 합니다. 내 아이의 뇌는 자신이 가장 잘 발달할 수 있는 방향으로 선택해 나간다는 사실을 기억하세요.

내향적인 아이가 공부에 유리하다?

"내향적인 아이는 아무래도 얌전히 책을 더 많이 읽으니까 외향적인 아이들보다 공부를 잘하겠죠?"

외향적인 아이는 놀기를 좋아해서 공부를 못할 것이라고 걱정하는 분이 있더군요. 아이의 학습력이 4~7세에 모두 결정된다면, 그렇게 볼 수도 있겠네요. 하지만 공부하는 능력은 이제 시작입니다. 4~7세에 기초공사가 잘된 아이는 외향적이든, 내향적이든 학령기부터 학습 가지가 쭉쭉 뻗어 나갈 것입니다. 중요한 것은 기초 공사를 얼마나 잘 다졌느냐가 되겠죠.

내향적인 아이는 분명 자기만의 방식으로 세상을 탐구했습니다. 책을 보고 블록을 쌓고 숫자 놀이에 관심을 보였습니다. 그렇게 탐구한 것을 토대로 학령기에 배우는 지적 활동을 연계해 가면서 공부라는 활동을 해 나갈 것입니다.

외향적인 아이는 여러 체육 활동과 곤충 채집, 친구들과 술래잡기, 캐치볼, 배드민턴 같은 활동으로 세상을 구경하고 새로운 환경을 탐색했습니다. 그 과정에서 발견하고 쌓은 스킬과 시야를 토대로 지적 활동을 연계하면서 공부라는 활동을 해 나갈 것입니다.

그래서 4~7세는 그릇입니다. 방향이 정해지는 시기가 아닙니다. 내향적, 외향적이라는 기질이 공부 잘하는 방향을 가름하는 척도도 아니고요. 게다가 내 아이에게 내향적인 면만 있는 것도 아니고 외향적인 면만 있는 것도 아니기 때문에, 그러한 걱정 자체가 유용하지 않습니다.

저는 상대적으로 내향적인 아이였습니다. 실내에 있는 것을 좋아해서 내향적인 아이가 아니라 제가 관심을 가진 것에 반응하는 방식이 그러했습니다. 친구들과 놀이하는 것도 좋아했지만 그것은 친구 사귀는 것이 좋았기 때문이고, 함께 운동하기를 즐기지는 않았습니다. 친구들과 놀면서도 이기고 지는 승패보다 '저 친구가 왜 저런 선택을 했을까?' 하는 궁금증을 가지고 있었고, 책을 읽으면서도 스토리보다 주인공들의 심리 변화에 더 관심이 갔습니다.

반대로 저의 형은 외향적이었습니다. 외부 활동 중에서도 특히 운동과 신체적 게임을 좋아했습니다. 저는 블록을 맞추고 있을 때 형은 축구를 하러 나가 집에 없었죠. 저는 가끔 너무나 다른 우리 두 형제를 키운 부모님을 떠올립니다. 활동적인 큰아들과 생각이 많은 작은아들을 키운 부모님은 딱히 저희에게 서로 어떠하다 비교하거나, 뭔가를 하지 말라고 하거나, 뭔가를 특별히 권하지도 않으셨습니다. 대신 저희가 요구하는 것이 있으면 적극 반응해 주셨죠. 그래서 편애를 받았다거나, 제가 특별히 내향적이다, 형이 특별히 외향적이다, 이런 구분된 느낌도 없었습니다.

부모의 불안은 참 다양한 모양으로 나옵니다. '아들인데 내향적이면 걱정이다' '아들은 외향적이어야 잘 큰다' 그러다가도 '내향적인 아이들이 차분하게 공부를 잘한다' '외향적인 아이들은 집중력이 떨어진다' 등등 결국 외향적이어도, 내향적이어도 내 아이를 불안한 시선으로 바라보고는 합니다.

저는 저답게, 형은 형답게 자랐습니다. 얼마 전 부모님께 어린 시절의 저에 대해 물었습니다. "넌 운동이나 달리기는 싫어했는데 딱지치기는 좋아했어. 친구들하고 놀아도 엄청 활발한 놀이를 하진 않았지"라고 말씀하시더군요. 그런 제가 딱히 걱정되지는 않으셨다고 했습니다.

저희 형제는 둘 다 의사가 되었는데, 재미있게도 저는 정신건강의학과를, 형은 외과를 선택했습니다. 저는 사람의 마음에 관심을 두었고 형은 몸과 관련된 일에 관심을 두었던 것이 결국 각자의 진로로 나왔구나 싶어서 새삼 신기했습니다. '외향적인가 내향적인가'가 아니라 무엇에 관심을 두고 자라는가가 결국 진로를 정하는 데 핵심적인 영향을 미친 것이죠.

저는 지금도 몸을 쓰는 활동은 잘 못합니다. 춤도 잘 못 추고 운동 실력도 영 아닙니다. 하지만 젠가와 같은 보드게임이나 섬세하게 블록을 맞추는 건 잘합니다. 우리는 모두 각자의 모습 그대로 자기의 개성을 살려 어른으로 자라고 제 몫을 해냅니다. 그 토대에는 저에게 신뢰의 눈빛을 보내준 부모님이 계셨다고 생각합니다.

내향적인 사람이 집중력이 좋고 공부를 잘하느냐고 물으면, 틀린 말은 아닙니다. 유리한 면이 있을 것입니다. 그런데 외향적인 사람도 집중력이 좋고 공부를 잘합니다. 제가 1장부터 반복해서 이야기했듯이, 흥분성 뉴런에 충분히 반응하는 만큼, 억제성 뉴런이 함께 성장합니다. 흥분성 뉴런이 충분히 발달하지 않으면 억제성 뉴런도 고만고만하게 발달할 뿐입니다. 외향적인 아이가 차분하기를 바란다면, 더더욱이 4~7세에 에너지를 충분히 발휘할 수 있게 해 주어야 전두엽의 시냅스가 충분하게 만들어집니다. 신체적 활동을 통해 대근육운동과 소근육운동이 골고루 자극되어야 합니다. 뇌의 발달을 위해 내향적인 아이도 이 시기에는 신체 활동에 대한 욕구가 올라갈 때입니다.

내향적인 아이와 외향적인 아이에 대한 육아법이 다르지 않습니다. 내 아이가 다를 뿐입니다. 아이가 내보이는 자기 성향과 욕구에 부모는 반응해 주면 됩니다. MBTI가 유행하면서, 서로 어떤 유형인지 매칭하는 이야기를 흔히 나누더군요. 연애할 때, 친구 간에, 면접에서, 심지어 자녀의 MBTI를 확인하려 한다는 경우도 있어서 놀랐는데요. 사실 이것은 객관적인 성격 분류라기보다는 나를 소개하는 주관적 선택입니다. '내가 판단하는 나' 이상의 의미를 부여하는 것은 조심스럽습니다. 서로의 MBTI를 확인하는 것도, '네가 그런 성향이라니 내가 이런 부분은 좀 더 조심할게' 정도의 접근이면 충분합니다.

내가 나를 객관적으로 들여다보는 것은 살아가는 데 중요하고 도움이 되지만, 남을 평가하거나 특히 내 자녀를 이해하는 도구로 삼기에는 적절하지 않습니다. 인간의 성격을 어떻게 16개로 나눌 수 있을까요. 게다가 MBTI는 성격이 어느 정도 결정되는 20세 이후의 문제입니다. 아이는 아직 자기를 평가할 수 없고, 성인이 되기 전까지 수시로 성격이 바뀔 것입니다. 그래서 저는 단정적인 틀을 가지고 아이를 끼워 맞추는 것을 경계했으면 합니다.

축구를 통해 경험하는 경쟁이 있고 주사위 게임을 통해 경험하는 경쟁이 있습니다. 무엇이 더 우등하다 열등하다고 평가할 수 있을까요? 우리는 각자의 모양대로 성장에 필요한 능력을 그 상황에 맞게 획득해 나갑니다. 그래서 아이가 좋아하고 재미있어하는 것을 우선에 두는 것, 성향과 기질, 활동 패턴, 놀이 선호를 존중해 주는 것이 좋습니다. 그런 환경에서 아이는 잠재된 능력을 마음껏 펼치며 발달합니다.

성공적인 엄마표 학습 vs 실패하는 엄마표 학습

최근에 미취학 아이들 대상의 학습 교재를 본 적이 있습니다. '사고력 수학'이라는 타이틀이 있고 그 안에는 우리가 잘 아는 덧셈, 뺄셈의 연산뿐 아니라 숨은그림찾기, 도형 맞추기, 경우의 수 등이 담겨 있었습니다. 초등 교과서도 많이 달라져서 문제풀이식이 아니라 문제해결능력을 키우고 여러 교과가 융합된 형태를 띠고 있습니다. 기계적인 학습을 요구하는 것이 아니라는 점에서 새로웠고, 어렸을 때의 다양한 경험이 학습에도 도움이 되겠다 싶기도 했습니다.

'엄마표 학습'이라는 이름으로 자녀를 직접 가르치려는 부모가 많아졌는데요. 집에서 할 수 있는 다양한 교구와 교재가 잘 나와 있습니다. 주로 부모의 주도하에 학습을 해낼 수 있는 얌전한 아이들을 대상으로 한 지도법입니다.

학교에서는 '착석'이 중요합니다. 하지만 아직 착석이 훈련되지 않은 미취학 아이들에게 이것은 참 힘든 과제입니다. 부모가 자녀의 성장을 잘 관찰하고, 관심사를 알아서 어렴풋하게나마 아이에게 맞는 방법을 만들면 학습 동기와 학습 방법을 제공하는 데 도움이 될 수 있습니다.

저는 부모의 역할이 '교사'보다는 '코디네이터' 또는 '코치'라고 생각합니다. 아이를 키워 오면서의 경험을 토대로 발달 패턴에 맞게 부모가 아이의 관심과 능력에 맞게 코디네이션해 주고, 격려해 주는 것이죠.

부모가 교사의 역할을 하려고 하면 '교육'과 '훈육'이 뒤섞이는 문제가 나옵니다. 부모가 해당 학습을 해낼 수 있느냐와 그것을 가르칠 수 있느냐는 다른 문제입니다. 교육 방법에 대해 고민해 본 것은 아니므로, 내가 아는 방식으로 아이에게 설명하려다 보면 아무래도 미숙할 수밖에 없습니다. 아이 입장에서도 부모로부터의 신뢰와 인정이 너무나 중요한데, 지적을 계속 받으면 상당한 상처를 입게 됩니다. 부모가 감정을 충분히 조절하고 긍정적 피드백과 아이의 발달 단계를 이해할 수 있다면 엄마표 학습도 가능할 것입니다. 그런데 만약 자신이 통제적 성향의 부모이고, 감정 조절에 미숙하다면 차라리 외부의 도움 받기를 권합니다.

엄마표 공부는 관계를 해치지 않는 선에서 하세요. 아이의 발달은 부모 주도로 할 것이 아닙니다. 놀이를 아이가 선택하듯, 공부도 그렇습니다. 정서를 해치면 해당 활동은 플러스보다 마이너스가 더 큽니다. 아이가 물을 무서워하면, 아무리 멋진 수영장이고 해변가를 데려가도 소용없습니다. 부모 만족일 뿐이죠. 엄마표 학습도 그렇습니다. 아무리 좋은 교구가 있고, 부모가 아무리 공부를 잘했어도 아이와의 관계가 멀어진다면 소용없습니다. 그럼에도 꼭 학습을 시키고 싶다면, 차라리 학원을 보내거나 방문 학습을 시키세요. 학령기 이전에는 학습보다 놀이를 권하고 싶지만, 그럼에도 학습을 꼭 시켜야겠다면 아이를 혼내고 감정이 상하는 일만은 피하길 바랍니다.

저희 어머니는 이과 쪽을 전공하셨습니다. 초등학생인 저를 가르치는 건 너무나 쉬운 일이었을 것입니다. 그런데 저는 어머니가 설명해 준 방식으로 그 문제를 풀 수 없었습니다. 어머니의 설명이 어려웠어요. 그런 일이 몇 번 반복된 후, 나중에 어머니께 들은 표현으로는 "화병이 날 것 같아서" 주변의 대학생 과외 선생님을 구해서 저의 수학 교습을 맡기셨습니다. 그분은 교대 3학년 학생이었고, 무엇보다 아이들이 학습에서 무엇을 어려워하는지, 어떻게 설명하고 접근해야 도움이 되는지를 배운 터였습니다. 아이들이 어떤 레벨에서 어려워한다면 어떻게 풀이 과정을 설명해 주어야 하는지 알고 있었죠. 그 선생님은 학교에서 배운 것을 저에게 적용했고, 저는 그 가르침을 토대로 막혔던 문제의 해결 원리를 이해했습니다. 그렇게 고비를 넘기면서 공부에 자신감이 생겼습니다.

만약 어머니가 왜 몇 번을 설명해도 이해하지 못하느냐고 저를 나무랐다면, 저는 공부 자신감이 떨어졌을 것입니다. '난 수학을 못해'라고 생각했을 수도 있죠. 우리 부모들이 쉽게 할 수 있는 실수입니다. 부모가 아는 방식으로 열심히 반복해서 설명했는데 자녀가 모르면, 왜 이걸 모르냐고 다그치기 쉽습니다. 학습도 실패고, 관계도 실패입니다. 기본 원리를 실질적으로 기초부터 가르칠 능력이 있는 사람에게 맡기세요.

그렇다고 무분별하게 학원에 보내라는 메시지는 아닙니다. 앞서 말했듯이 아이의 놀이 욕구가 먼저입니다. 조절 능력이 자라서 착석에 대한 훈련이 어느 정도 되어 있어야 합니다. 학습을 꼭 시키고 싶은데 객관적으로 판단했을 때 엄마표 학습을 하기에는 부모의 감정 조절이나 통제적 양육 방식이 걸림돌이 된다고 생각하면 그때는 신중하게 고민했으면 합니다. 여기서도 결국은 남이 하는 방법이 아니라 '내 아이'를 기준으로 하는 것이 정답입니다.

PART 3

조절 능력과 정서 지능을 만드는 좌절을 견디는 힘

CHAP 7. 학습의 시작은 공감 능력

문해력은 소통하는 능력에서 시작된다

아이의 말문이 빨리 트였으면 좋겠다고 하는 부모가 많습니다. 말문이 빨리 트이면 내 아이가 왠지 지능 발달도 빠른 것 같고, 무엇보다 아이가 뭘 원하는지 잘 알 수 있을 것 같다는 생각이죠. 다른 아이들에 비해 말이 늦은 것 같다며 아이의 발달을 확인하기 위해 병원을 찾는 경우도 많습니다.

전문가로서 의견을 드리자면, 돌 무렵에 "엄마 아빠"라는 표현을 의미와 상황에 맞게 구사하고 있다면 적정한 발달 속도입니다. 여자아이들의 경우 돌 이전부터 말을 잘하기 때문에 상대적으로 아들을 둔 부모는 내 아이의 언어 발달이 늦은 것 같다고 염려하기도 하는데, 그렇게 보일 수 있지만 사실 각 아이마다 발달 정도는 다릅니다. 그래서 가장 기본적인 언어 발달 기준을 기억해 두는 것이 도움이 됩니다.

그런데 돌 이후가 되었는데도 "엄마 아빠"라는 표현은 하지만 그 외의 언어 표현의 수가 매우 적어서 우려하는 경우도 있습니다. 언어 발달 지연일 수도 있지만 아이의 기질과 양육 환경에 따라 다소 발화가 늦어질 수도 있습니다.

말문이 늦게 트이는 듯한 아이를 위해서는 양육하는 부모의 다양한 도움이 필요합니다. 그중에서도 부모에게 가장 많이 건네는 조언이 있습니다. 아이가 원하는 것을 먼저 말하기 전에, 부모가 알아서 해 주지 말라는 것입니다. 아이를 가장 잘 알고 친밀하게 돌보는 양육자는, 아이의 행동만 보고도 뭐가 필요한지 잘 알아차립니다. 아이가 뭔가 불편해 보이거나 두리번거리면 바로 나서서 아이가 원할 만한 것을 가져다 줍니다. 양육자가 아이의 필요를 잘 알아주고 돕는 것은 좋은 양육 태도입니다. 다만 돌 무렵, 아이가 옹알이 이후의 언어 표현을 배워 나가는 시기가 되면 아이가 자기 요구를 먼저 표현할 때까지 조금은 기다려 주는 것이 도움이 됩니다.

아이가 단어를 말하거나 제스처를 취하지 않아도 양육자가 알아서 원하는 것을 가져다 주면 아이의 입장에서는 굳이 말할 필요가 없는 상황이 이어지게 됩니다. 그런데 만약 아이가 자신이 원하는 것을 얻고 싶은데 양육자가 움직여 주지 않는다면 어떻게 할까요? 아이는 '요청'해야 합니다. 요청하기 위해서는 말해야 하고, 말하려면 단어와 표현을 배워야 한다는 것을 깨닫습니다. 그렇게 배운 단어를 발화하죠.

“무~울” “맘마” “나가” “안아”

짧은 단어로 시작하는 말의 표현이지만, 아이는 자신의 필요를 요청할 수 있게 되었습니다. 자신이 요청하자 양육자가 정확하게 자신이 원하는 것에 반응해 준다는 것을 경험하면, 아이의 언어 발달에는 가속도가 붙기 시작하죠. 그렇게 아이는 자기가 필요한 것을 요구하는 데 쓰이는 말들을 익혀 갑니다.

이처럼 언어는 세상과 소통하는 도구입니다. 옹알이와 표정, 손짓과 끄덕임으로 좋고 싫고 불편한 감정을 표현하던 아이는, 이제 ‘말’이라는 도구를 통해서 구체적이고 직접적으로 자신의 필요를 잘 요구할 수 있게 되었습니다.

말에는 여러 기술이 접목됩니다. 먼저는 자기 생각을 표현할 적정 단어를 선택합니다. 다음으로 단어와 단어를 묶어 표현을 구체화합니다. 단어와 단어 사이에 조사를 넣어 문장의 완성도를 높입니다. 자기 생각을 좀 더 강조해서 전하려고 ‘엄청’이나 ‘예쁜’과 같은 수식어를 추가합니다. 해당 단어가 떠오르지 않으면 “노랗고 맛있는 거”라고 대상이나 상황을 설명 또는 묘사하기도 합니다.

언어 발달이 이 단계까지 왔다면, 말하는 데 있어서 단어를 많이 아는 것은 유용합니다. 하지만 그저 단어를 잘 안다고 ‘말을 잘한다’라고 보지는 않습니다. 말은 소통의 도구이므로 소통하는 상황에 맞게 사용해야 합니다. 대화의 분위기에 맞는 표현을 써야 합니다. 적절한 억양과 톤을 사용해야 합니다. 인간이 말을 한다는 것, 언어를 사용한다는 것은 이처럼 고차원의 능력입니다. 따라서 언어 능력이 발달할수록 배울 것도 많아집니다.

4~7세는 언어 표현이 폭발적으로 증가하며 수다쟁이가 되는 시기입니다. 이 시기에도 부모가 부지런히 아이와 눈을 맞추고 적절한 표정으로 반응하는 비언어적 소통은 여전히 중요합니다. 아마도 평생에 걸쳐 그러할 것입니다. 비언어적 소통은 감정을 수용받는 첫 번째 도구니까요. 그리고 이제는 아이와 다양한 주제로 부지런히 대화를 나누면서 언어 발달에 긍정 자극을 주어야 합니다. 기관에 다니기 시작하고 놀이를 통해 다른 아이들을 만나는 것도 아이의 언어 발달 환경을 풍성하게 만들어 주는 요소입니다.

최근에 '문해력'이 우리에게 중요한 이슈로 부상했습니다. 책 읽기와 독후활동을 장려하는 분위기가 이전보다 높아졌는데도 문장을 이해하고 문맥을 파악하는 능력은 떨어졌다는 것이 다소 놀랍습니다. 이에 대해 미디어의 과다한 노출을 원인으로 꼽기도 합니다. 유아기부터 스마트기기를 접하기 시작하면서 글자에 호기심을 가질 기회를 많이 빼앗겼다는 지적입니다.

우리가 아이에게 글자와 문장을 책과 언어를 너무 재미없게 소개하고 있지는 않은지도 생각해 봤으면 합니다. 4~7세의 발달을 촉진하는 가장 효과적인 방법은 '하고 싶게 만드는 것' '호기심을 주는 것' '재미있는 것'을 제공하는 것입니다. 그런데 지금 우리는 아이들에게 '소통'이 아닌 '학습'으로 언어를 소개하고 있지는 않은가요?

소통의 훈련이 되지 않은 아이에게 단어 카드를 열심히 보여 주고 글자부터 깨치게 하려는 무리수가 오히려 언어에 대한 흥미를 잃게 만들 수 있습니다.

책 읽기는 분명 여러 어휘와 문맥을 파악하게 하는 아주 좋은 방법입니다. 아직 글자를 모르는 아이를 위해 부모가 책을 읽어 주기도 합니다. 때로는 동화책을 읽어 주는 영상을 제공하기도 합니다. 화려하고 예쁜 영상은 아이가 그 이야기에 빠져들기 쉬워 보이지만, 특히 4~5세의 아이에게는 부모가 함께 읽어 주는 책 읽기 활동만큼의 효과는 기대하기 어렵다고 봅니다. 책 읽기, 즉 스토리를 읽는 것 자체가 목적이 아니기 때문입니다.

책은 저자가 독자와 소통하기 위해 자기 생각을 글로 풀어 놓은 장치입니다. '내 생각은 이런데, 너의 생각은 어때?' 이렇게 자기 의견을 독자에게 건네고, 독자의 의견을 묻는 과정입니다. 그래서 먼저는 책에 담긴 저자의 생각을 이해해야 합니다. 스토리의 맥락을 이해하고, 주인공의 감정 변화를 따라가야 합니다. 두 번째로는 책을 덮고 나서 나의 생각을 꺼내야 합니다. '내 생각은 이래.' 이렇게 책을 읽은 사람의 감정과 생각까지 짚고 넘어가야 진정한 책 읽기입니다. 저자와 소통하는 목적이 달성되었습니다.

아이가 글자를 알고 나서도 부모와 함께 책을 읽는 시간을 갖는 것이 좋은 이유는 이러한 과정을 꾸준히 훈련할 수 있기 때문입니다. 아이에게 책을 읽으라고 시키기보다, 부모와 함께 책 읽는 시간을 가지기를 권합니다. 아이가 가장 좋아하는 대상인 부모와 함께하면 정서적 안정감이 생기고, 정서가 안정되면 인지 발달을 담당하는 뇌에 전달되는 정보의 양과 질도 더 좋아집니다. 책의 내용이 귀에 더 잘 들리고, 주인공의 감정에 더 깊이 공감하고, 생각의 양도 풍부해집니다.

아이가 아무리 많은 책을 읽더라도 '재미'가 아니라 '숙제'로 책 읽기 활동을 하고 있다면, 책 읽기로 얻을 수 있는 효과는 반감될 수 있습니다. 책에 담긴 여러 표현을 제 것으로 만들기가 훨씬 어려워집니다. 마치 시험을 잘 치르기 위해 벼락치기를 했고 좋은 성적도 거두었지만, 일주일 후면 학습했던 내용을 잊고 마는 것과 비슷합니다. 긍정적인 정서가 뒷받침되지 않으면 기억의 효과는 떨어집니다.

소통이란 주고받는 것이므로 아이만의 생각을 꺼낼 수 있도록 부모가 안내해 주세요. 책을 읽고 나서 아이의 생각을 듣고 부모도 생각을 나누는 과정을 거쳐 보세요. 책 읽기는 '많이 읽기'보다 '잘 읽기'가 중요합니다. 문해력의 핵심은 '잘 읽기'입니다.

'문해력을 키우려면 어휘력이 좋아야 한다'라는 정보를 듣고, 학령기 이전부터 단어 '학습', 한자 '학습'을 자녀에게 시키려는 부모도 많습니다. 그런데 저는 주의 드리고 싶습니다. '학습'의 시간을 갖느라 '함께 독서하는 시간' '함께 생각하는 시간'을 빼앗기지는 않았으면 합니다. 4~7세의 아이에게 소통 능력을 발달시킬 기회를 '학습'으로 제공한다면, 학습지를 풀고 수업 진도는 나가는 듯 보여도 그 학습 내용이 진정한 제 것이 될지는 미지수입니다.

4~7세는 '재미'와 '즐거움'이 우선인 시기입니다. 재미있어야 내용이 보이고, 소리가 들리고, 글자를 기억하게 됩니다. 그렇게 들어온 정보라야 뇌에 오래 각인됩니다. 그림책이나 동화책에서 다양한 표현을 접하는 것이 아직은 더 효과적인 훈련이 됩니다. 아이에게 학습을 시키고 싶은 어른들이라면 아이들의 재미 욕구를 충족시키면서 지도할 방법을 꾸준히 고민해야 할 것입니다.

제가 생각하는 어휘력, 문해력을 키우는 가장 좋은 방법은 부모와의 일상 대화입니다. 특히 식사 시간에 나누는 대화에서 어휘나 표현, 뉘앙스를 자연스럽게 습득하는 것을 추천합니다. 4~7세의 아이들은 엄마아빠가 나누는 대화를 듣거나, 부모와 대화하다가 문득 "그 말이 무슨 뜻이야?"라는 질문을 자주 던집니다. 특정 단어의 의미를 콕 집어 묻습니다. 호기심에서 시작된 어휘 관련 대화는 최고의 효과를 냅니다. 그래서 6~7세가 되면 자녀와 교양 프로그램을 함께 보거나, 뉴스의 주요 기사 내용을 식사 시간에 화제로 삼는 것도 좋습니다. 부부가 서로 공통된 주제를 두고 공감하고 의견을 나누는 모습을 자녀에게 보여 주는 것 자체도 좋은 교육이며, 아이가 그 대화에서 나오는 여러 표현을 자연스럽게 들으며 익힐 수 있어 좋습니다. 아이가 듣고 있는 것 같지 않아도, 이해하기 어려운 듯한 주제라도 괜찮습니다. 시간이 지나면서 아이가 점차 대화에 참여하는 빈도수가 늘어가는 모습을 볼 수 있습니다.

아이의 문해력을 키우고자 한다면 아이를 밖으로 내보내세요. 친구들과 만나게 해주세요. 가정에서, 책에서 배운 표현을 꺼내어 써먹을 아주 좋은 상황이 만들어집니다. 친구들과 놀려면 어떤 놀이를 하자고 자기 의사를 표현해야 하고, 규칙을 만들기 위해 상황을 설명해야 하고, 문제가 생겼을 때 서로의 주장을 듣고 정리할 수 있어야 합니다. 4~7세의 소통 능력이 쑥쑥 자라는 순간입니다.

문해력과 관련해서 꼭 전하고 싶은 메시지가 이것입니다. 문해력은 결국 소통 능력을 기반으로 합니다. 일상의 대화에서 상대방의 말을 제대로 이해하지 못하던 아이가, 글 속에서 지은이의 의도와 맥락을 잘 파악할 수 있을까요? 그렇지 않습니다. 그래서 문해력보다 소통 능력이 먼저입니다. 책에 담긴 스토리의 흐름을 이해하지 못하던 아이가 수학 교과서에 나오는 문장제 표현을 잘 이해할 수 있을까요? 그렇지 않습니다. 그래서 학습보다 책 읽기가 먼저입니다. 상대방의 말과 글을 이해해야 나의 말과 글이 정확하게 나옵니다.

그런데 이 소통 능력은 곧 공감 능력에서 비롯됩니다. 상대방의 진심을 듣겠다는 마음, 이해해 보겠다는 마음에서 시작되는 능력입니다.

배려를 강요하면 가식적인 아이로 자란다

4~7세 아이가 기관에 다니면서 규칙을 전달받고 친구들과 만나는 과정은 사회성 발달에 도움이 됩니다. '세상에는 나 하고 싶은 대로만 할 수는 없구나'에서 '서로 약속(규칙)을 잘 지키면 더 안전하구

나' '조금만 배려하고 양보하면 서로 편하구나'까지 깨닫는 과정입니다. 여기서 나아가 '나의 주장을 말하는 것'만큼 '남의 주장을 듣는 것'이 중요함을 알아갑니다. 4~7세는 아직 자기중심적인 사고를 하는 시기지만, 훈련이 덜 되었을 뿐 상대방의 말을 '들어야' 한다는 것을 이해하기 시작합니다.

'저 친구는 왜 저러지?' '선생님이 왜 안 된다고 하시는 거지?'

나의 행동을 대체로 받아 주던 부모의 품을 떠나 낯선 사람들과 오랜 시간을 보내면서 '왜?'라는 질문을 던지게 되고, 상대방의 답변을 들으면서 이해하는 능력을 획득합니다. "엄마 기분이 안 좋아? 눈이 왜 슬퍼 보여?" 이처럼 '왜'에 대한 답변을 자기 나름의 추측을 담아서 해내기도 합니다.

만약 4~7세에 대화를 통해 상대방의 말과 생각에 공감하는 과정을 충분히 경험하지 못하면, 글을 읽어도 맥락이나 메시지, 감정을 이해하기 어려워합니다. 스스로 글의 메시지를 이해하지 못한다면 진정한 문해력이 아닌 것이죠. 마치 영어로 된 문장을 소리 내서 읽을 수는 있는데, 무슨 말인지 이해를 못 하는 것과 같습니다.

문해력은 소통 능력을 기반으로 만들어지고, 소통 능력은 공감 능력을 기반으로 만들어집니다. 들으려는 마음이 있어야 들리듯, 공감하려는 마음이 있어야 소통이 됩니다.

다행히 인간은 태어날 때부터 사회적이므로, 기본적으로 공감 능력을 타고납니다. 생존을 위해서 말이죠. 영유아기의 공감 능력은 양육자의 표정이 어둡고 밝은 것을 알아차립니다. 양육자에게 자기의 생사가 달렸다는 것을 본능적으로 알고 양육자의 감정을 읽는 것입니다. 유소아기가 되어서도 마찬가지입니다. 아이는 부모의 감정 상태를 직감적으로 알아차립니다. 부모가 스트레스 상황에 놓여 있을 때, 겉으로 아닌 척 숨기고 있어도 자녀가 알아차린다는 연구 결과도 있습니다. 아이에게는 부모가 세상 전부나 마찬가지여서, 부모의 감정을 빠르게 알아차리고 '눈치껏' 행동하게 되는 것입니다.

인간의 공감 능력은 여기서 더 나아갑니다. 부모의 눈치를 보던 본능적 공감 능력에서, 상대방의 마음을 이해하는 차원의 공감 능력으로 성숙합니다. 놀이에 져서 속상해하는 친구를 보면서 그 마음을 이해하는 것, 다친 사람을 보고 같이 아파하는 것, 나는 기분이 좋아도 상대방은 기분이 나쁠 수 있다는 것을 이해합니다. 그래서 상대방의 기분이 상하지 않게, 상황에 맞는 태도를 보여야 한다는 것을 알아차립니다.

"친구가 속상해하니까 장난감 양보해 줘." 많은 부모가 자녀에게 배려를 '요구'합니다. 하지만 배려를 '강요'하면 아이는 적절한 공감 능력을 학습할 기회를 잃게 될 수도 있습니다. 부모가 슬쩍 제안해 볼 수는 있지만 아이가 양보를 거절했는데도 부모가 계속 강요하거나, 거절하는 아이의 태도를 혼내서는 안 됩니다. 다른 아이의 부모에게 불편한 감정이 들어서, 그 마음을 해소하려고 내 아이에게 지시를 내리는 것은 강요가 되기 쉽습니다. 그렇게 해야 배려하고 양보하는 자녀로 자랄 것이라고 속단하지 마세요. 아이는 아직 그 정도의 공감 능력까지 발달하지 못했습니다.

아이 '스스로' 속상해하는 친구를 보고 불편한 감정을 느끼고, 그 감정 다음으로 어떤 행동을 취할 것인지 '스스로' 생각할 시간을 가져야 가능합니다. 그렇게 스스로 생각해서 나온 행동이라야 진정한 공감 능력, 소통 능력 발달로 이어집니다. 앞서 '학습'보다 '경험'이 더 오래, 더 진하게 남는다고 나눈 내용과 동일합니다. 억지로 한 배려는 아이에게 '학습'조차 되지 않을 수 있습니다. 그저 기분이 별로 안 좋게 부모의 심부름을 한 것 정도가 될 수도 있습니다.

거절하는 아이의 마음을 '나쁘다'고 지적하지 마세요. 이럴 때는 장난감을 양보하지 않겠다는 아이의 반응을 받아 주고, 차후에 그때의 마음을 나누어 보는 시간을 가지는 것이 좋습니다.

"장난감 주고 싶지는 않구나. 네 마음 잘 알겠어."

"아까 친구가 장난감 없다고 울었잖아. 그때 네 마음은 어땠어?"

부모들이 쉽게 간과하는 부분이 있습니다. 거절하는 것도 아이의 표현 능력입니다. 이때 부모의 마음이 불편한 것은, 아이의 부정적인 마음 표현을 받아 주지 못해서 나오는 부모 자신의 감정 반응일 뿐입니다. 싫으면 싫다고 말할 줄 알아야 합니다. 그런 표현을 수용받는 경험을 해야 정직한 감정 표현이 자랍니다.

게다가 4~7세는 자기중심성이 강한 시기므로 완벽한 배려와 공감을 기대하기는 무리입니다. 오히려 그것을 너무 강조하고 요구하면 가식적인 아이로 자랄 수 있어 경계해야 합니다. 흔히 남을 잘 배려하고 친절한 아이로 자라야 나중에 커서 리더십이 있는 자녀로 자랄 것이라 기대합니다. 하지만 감정 발달의 우선은 자기감정을 읽는 것, 인정하는 것입니다. 아이가 표현하는 감정을 충분히 수용받는 경험을 해야, 그 다음으로 타인의 감정과 생각도 충분히 수용할 만한 그릇이 만들어집니다.

가식적인 아이로 자라는 것은 아주 좋지 않은 결과를 가져올 수 있습니다. 아이가 자기감정을 솔직하게 내보였는데, 그것이 부정적인 감정이라고 해서 부모로부터 외면받고 지적당하는 경험이 반복되면, 아이는 자기 내면에서 부정적인 감정이 올라올 때마다 자신을 나쁘게 보는 시선이 자랄 수 있습니다. 그래서 마음으로는 그렇지 않은데 겉으로는 부모가 원하는 행동을 할 수 있습니다. 부모에게 잘 보이는 것은 생존 욕구처럼 본능적인 반응이니까요. 그런데 이렇게 되면 외면적으로 드러나는 자신의 모습과 내면에서 드러나는 욕구가 분리되는 경험이 반복됩니다. 자기 내면에 '나쁜 아이'가 있다고 보고 자신을 부정적인 시선으로 바라보게 되죠. 건강한 자아상, 자존감을 세우는 데 결코 좋지 않습니다. 이중성, 가식성을 가진 아이로 자랄 수 있습니다.

그래서 4~7세 아이의 정서 지능을 잘 발달시키려면, 배려와 공감을 키우도록 아이를 잘 도우려면, 아이가 욕구를 솔직하고 편하게 드러낼 수 있는 환경을 제공해야 합니다. 아이에게 경쟁적 놀이 경험을 제공하는 것도 그러한 차원에서 도움이 됩니다. 친구들과의 놀이에서 이기고 지는 경험을 통해 성취감과 실패감을 모두 경험하게 하는 것, 이기고 싶은 욕구를 인정받고 관심 끌고 싶은 욕구를 인정받는 경험을 하는 시간이기 때문입니다.

자기감정과 욕구를 잘 인정받은 아이는 타인의 감정과 욕구도 잘 이해할 그릇을 만들어 갑니다. 이것이 공감 능력입니다. 4~7세의 아이가 교사, 친구들과 소통하는 시간을 가지면서 소통 능력과 공감 능력이 발달하면, 드디어 상황과 상황을 연결해서 '맥락'을 이해하는 데까지 나아갑니다.

'어제 준서가 게임에서 진 게 속상해서 오늘은 그 게임을 안 하겠다고 하는구나.'

그 마음에 공감하면 아이도 더 이상 상대에게 무리해서 요구하지 않게 됩니다. 공감 능력을 통해 맥락을 읽으니, 자기 생각과 행동을 조절하는 능력도 자연스럽게 따라오는 것입니다.

부모의 공감 능력을 토대로 배려와 양보를 강요하지 마세요. 아이가 자신의 공감 능력을 발달 단계에 맞게 드러내는 시기이므로, 부모는 그 행동을 일단 허용해 주어야 합니다.

이해, 존중, 논리의 총집합 = 규칙 정하기

자기 행동에 누가 간섭하면 매우 불편해하고 예민하게 반응하는 아이가 있습니다. 다른 친구들과 어울리기보다 혼자서 공상하고 책을 보는 것만 좋아하는 아이도 있습니다. 4~7세는 뇌가 빠르게 활성화되는 시기여서, 신체 활동을 통해 두뇌 자극을 충분하게 주어야 합니다. 만약 신체 활동이 충분하지 않아 뇌 발달에 결함이 생기면 사회성에서 문제가 드러날 확률이 높습니다.

"'내향성'과 '외향성'은 기질이어서 그대로 받아 주어야 하는 것 아닌가요?"

"내향적인 아이는 친구들과 잘 어울리지 못할 텐데 그런 아이를 그냥 두어야 하나요?"

기질이 맞습니다. 기질은 받아 주어야 하는 것도 맞습니다. 그런데 외향성과 내향성에 대해 바르게 이해할 필요가 있습니다. '외향성'은 사람들과 잘 어울리는 기질, '내향성'은 사람들과 잘 어울리지 못하는 기질이 아닙니다. 자신이 주로 즐거워하는 활동, 에너지를 얻는 활동이 또래 놀이나 외부 활동을 통해 에너지를 발산하는 데 있다면 외향성으로 봅니다. 반대로 즐거워하는 활동, 에너지를 얻는 활동이 공상이나 독서, 혼자 고민해서 문제를 해결하는 것처럼 내면의 활동을 잘하고 즐긴다면 내향성으로 봅니다.

외향적인 아이가 소통에 어려움을 겪을 수 있고, 내향적인 아이가 친구들과의 관계가 적극적일 수 있습니다. 외향성과 내향성이 사회성이 높다, 낮다의 기준이 될 수 없는 것입니다.

제가 이 책에서 강조해 온 것처럼 4~7세는 활동성이 높아지는 시기입니다. 바깥 세상에 대한 관심도 많아집니다. 상대적으로 다른 아이보다 덜하거나 더할 수 있지만, 내 아이를 기준으로 잘 관찰했다면 4~7세는 이전보다 에너지가 더욱 높아졌다는 것을 알 수 있습니다.

그래서 4~7세에는 활동성이 올라가고 대외 활동에 관심을 갖기 시작합니다. 기관에 다니고 외부 활동도 잦아지면서 부모가 아닌 타인과의 접촉이 많아지는 만큼 소통 능력, 공감 능력을 키우기 좋은 환경도 마련됩니다. 친구들과 함께 놀면서 웃고 싸우고 힘을 모으는 과정에서 사회성도 획득합니다.

좀 더 적극적으로 표현하자면, 사회성은 4~7세의 발달 과제입니다. 반드시 해내야 하고 잘 해낼 수 있도록 뇌가 준비하는 '적기'입니다. '내향성'인 아이도 마찬가지입니다. 소통하는 기술을 획득하고 사회성으로 발달시키는 것은 어른으로 성장하는 데 반드시 필요한 과정입니다. 아이가 바깥으로 나가자고 하는 것, 기관에 적응할 수 있게 되는 것, 에너지가 많아지는 것이 사회성을 키우기 위한 뇌의 바탕을 만들어 주는 것이라 생각하고 적극 지지해 주어야 합니다.

초등학교에 입학한 자녀가 친구를 잘 사귀지 못할까 염려되어 유치원에서부터 또래 친구를 만들어 주려고 하고, '축구 교실' '주말 특별활동 모임'을 함께할 또래 친구를 모으기도 합니다. 부모의 애정과 노력을 인정합니다. 다만 부모가 친구를 만들어 주기 전에 아이 스스로가 친구들과 잘 어울릴 수 있는 능력을 키우도록 안내하는 것이 먼저라고 봅니다.

아이들이 관계를 맺는 데 있어서 가장 걸림돌이 되는 것이 무엇일까요? '자기주장만 하는 것'입니다. 4~7세는 자기중심성이 강합니다. 소통 능력, 공감 능력을 키우는 과정에 있기 때문에 아직 완성이 안 되어서 미숙합니다. 그래서 아이들이 상대의 의견을 잘 들어주기는 어렵습니다. 하지만 어느 정도 맞추려고는 노력합니다. 들으려고도 노력합니다. 그 이유는 조금 참아서라도 친구들과 놀고 싶어서이고, 두 번째로는 부모나 교사에게 혼나기 싫어서입니다. 세 번째로는 친구를 속상하게 하고 싶지 않을 만큼 공감 능력이 자랐기 때문입니다. 그런 변화가 조금씩 오는 시기이지만 아직도 '자기주장만 하는' 아이들도 많이 있습니다. 놀이의 규칙과 룰이 있는데도 우기는 모습을 보입니다.

4~5세에는 아직 각자 하는 놀이가 많습니다. 친구들끼리 어울리는 것 같지만 자세히 보면 평행 놀이parallel play입니다. 함께 놀지만 규칙을 공유하지는 않고, 서로 대화하는 듯한데 잘 들어보면 각자 자기 말만 하고 있습니다. 그래서 이때의 규칙은 주로 부모가 제시해 줍니다. '여기 놀이터 밖으로는 나가지 마' '친구 때리거나 밀치면 안 돼'처럼 안전을 기준으로 규칙을 세우면 됩니다. 활동성이 높고 제어가 덜 되다 보니 실제로 이 시기에 아이들이 많이 다치기도 합니다. 그래서 부모가 규칙을 제안하고 그 규칙 안에서 활동하도록 안내합니다. 그러면 아이는 이 놀이에서 최소한의 규칙이 있다는 것을 어렴풋이 이해합니다.

6~7세가 되면 친구들과 하는 놀이가 많아집니다. 이때는 아이들끼리 규칙을 만들고 그 속에서 재미를 만들어 내는 놀이를 시작합니다. 규칙을 만들 수 있다는 것은, 아이가 규칙에 따를 만큼 자기감정과 행동을 조절할 능력이 자랐다는 의미이기도 합니다. 예를 들어 '너 한 번 나 한 번 돌아가면서 하자' '여기 선을 넘으면 지는 거야' '멀리 날아간 비행기가 이기는 거야' '원 안에 있는 점에 가까워야 이긴다' 등등의 디테일한 규칙을 만듭니다. 만약에 비행기를 잘 못 접는 친구가 있으면, 함께 놀기 위해 대신 접어 주기도 하고 자기 노하우를 알려 주기도 합니다. 달리기 실력이 한 쪽이 너무 우세하면 친구를 먼저 출발하게 하는 등 서로 배려도 합니다. 팀을 나누어서 게임을 하면 역할을 나누고 전략을 세우기도 합니다. 이처럼 친구 간의 상호 작용을 통해 아이들은 소통 능력뿐 아니라 자기 조절 능력을 발달시키고 존중, 전략까지 학습합니다. '규칙'을 세우고 지키는 과정이 이렇게나 많은 능력을 키워내는 것입니다.

그래서 6~7세에도 자기주장만 하거나 규칙을 지키기 어려워하는 아이에게는 꾸준하게 알려 주어야 합니다. 아이 스스로도 조금씩 느끼고 있습니다. 자기가 고집을 부리면 그 놀이가 취소되고, 점점 친구들이 자기와 놀아주지 않는 경험을 하게 되거든요. 부모는 그런 상황과 마음을 읽어 주는 과정을 통해 아이에게 '규칙' 지키기를 안내해 주세요. '규칙 지키기'는 하루아침에 이루어지지 않습니다. 4~5세 때 안전을 기준으로 부모가 만들어 준 놀이의 규칙을 잘 지키는 훈련이 되어야 6~7세 때 아이들끼리 만든 놀이 규칙도 잘 지킬 수 있게 됩니다.

놀이에만 규칙이 있는 것이 아닙니다. 가정에서도 규칙을 정해 주세요. 아이가 4세가 되면 약속이라는 개념을 이해할 수 있습니다. 처음에는 안전을 기준으로 하는 규칙부터 세웁니다. 소파나 테이블에 올라가지 않는다, 집에서는 공차기를 하지 않는다, 음식은 한 자리에서만 먹는다, 식사 시간에 동영상을 보지 않는다 등등의 규칙을 정할 수 있습니다. 나아가 가족의 일환으로서 가족이 모두 지켜야 하는 규칙도 정할 수 있습니다. 빨래는 빨래통에 넣는다, 아침에 일어나면 아침 식사를 함께한다, 잠들기 1시간 전부터는 TV를 보지 않는다, 놀잇감은 놀이 후 스스로 치운다 등등의 규칙을 정할 수 있습니다. 집에서 규칙을 잘 지킨 아이는 기관의 규칙도, 친구들과 정한 규칙 지키기도 수월하게 해냅니다.

규칙을 만들며 때로는 아이와 협상하거나 타협하는 상황도 만들어질 수 있습니다. 놀잇감이 많아서 정리하기 어려우니 도와달라고 요청한다면, 다음부터는 어떤 놀잇감은 제외하고 정리하기로 정하거나, 빨래통이 너무 멀리 있으니 가까운 화장실 앞에 놓아달라고 하는 등의 제안을 먼저 하기도 합니다. 축구를 집에서 못해서 아쉬우니 주말에 공원에서 축구를 같이 해 달라고 요구하기도 합니다. 그렇게 부모와 의견을 주고받고 조율하는 과정을 경험합니다.

규칙이 점차 세분화되고 약속을 지키는 수준이 올라가면 학교에서 수업을 듣고 참여할 수 있는 토대도 만들어집니다. 규칙을 지킨다는 것은 자기가 하고 싶은 대로 하지 않겠다고 생각과 행동을 조절하는 것이고, 이는 함께 생활하는 규칙을 존중하는 사회성의 첫걸음이 되기 때문입니다.

CHAP 8. 피할 수 없는 경쟁 사회를 잘 지나는 힘, 승부욕

'넌 다 잘할 수 있어'는 답이 아니다

"넌 역시 최고야!" "넌 뭐든지 다 잘할 수 있어!"

아이를 인정해 주라는 말을 오해해서, 아이가 하는 것마다 이렇게 칭찬해 주는 부모가 있습니다. 그래서 전문가로서 어떤 조언을 드릴 때면 참 조심스럽습니다. 하나의 메시지에는 뒤따르는 부연 설명이 아주 많아야 한다는 생각이 듭니다. 아이가 잘하는 것을 인정해 주고, 아이의 가능성을 알아봐 주는 것은 좋습니다. 하지만 아이에게 뭐든지 잘할 수 있고, 네가 다른 아이들보다 낫다는 식으로 말해 주는 것이 과연 아이에게 도움이 될지 다시 생각해 볼 문제입니다.

아이는 자신에게 잘하는 것이 있고 반대로 잘 못하는 것, 부족한 면도 있음을 받아들여야 합니다. 아이가 종이컵 쌓기를 하는데 계속 실패해서 속상해한다면, "넌 무조건 해낼 거야! 잘할 수 있어!" 이렇게 말하는 것보다는 "아직은 네 키보다 높이 쌓기는 어려울 거야. 그래도 아까보다는 조금 더 높이 올라갔네! 그러면 잘한 거야"라고 말하는 게 더 진정성 있습니다.

이 시기의 아이들은 다른 아이와의 비교도 잘합니다. "진수는 수영할 줄 안다는데 난 못 해." 이럴 때 어떻게 답해 주면 좋을까요? "너도 당장 수영장에 등록하자! 너도 할 수 있어!"라고 해야 할까요? "너도 나중에 수영을 배울 기회가 있을 거야. 진수는 수영장에 다니고 너는 피아노 학원에 다니잖아. 서로 배우는 게 다르니까 잘하는 것도 다를 수 있어." 이렇게 알려 주는 것이 더 교육적입니다. 서로 잘하는 부분이 다르고, 누구에게나 부족한 모습이 있다는 것을 알아야 합니다. 우리는 모든 일을 다 잘할 수는 없으니까요.

달리기 시합을 했는데 달리다 넘어져서 우는 아이가 있습니다. 1등을 한 친구가 신나서 방방 뛰는 모습을 보고 더 서럽게 웁니다. 그럴 때 "다음에는 너도 1등 하면 돼!"라고 말하면 위로가 될까요? 그럴 때는 게임을 완주하지 못해 속상한 마음을 인정해 주면 됩니다.

"끝까지 해 보고 싶었을 텐데 넘어져서 속상하겠다."

아이는 부모의 기대만큼 '다' 잘하거나, 기대만큼 '완벽하게' 해내지 못할 수 있습니다. 경쟁 사회가 그렇습니다. 누군가 1등을 하면 누군가는 2등을 하고 누군가는 꼴등을 합니다. 어려서부터 매번 '잘한다' '네가 최고'라는 말을 듣고 자란 아이일수록 지는 것을 힘들어하고 부끄러운 일이라고 생각합니다. 그래서 기관에서 잘한 일은 부모에게 잘 이야기해도, 실패하거나 게임에서 진 일은 잘 꺼내지 않습니다. 실패하는 마음을 표현해 본 경험, 실패했을 때 제대로 위로받아 본 경험이 부족한 경우입니다.

어떤 목표를 두고 최선을 다해 노력했을 때, 원하는 목표를 이룰 수도 있고 이루지 못할 수도 있습니다. 하지만 노력하는 과정에서의 경험을 토대로 다시 도전하겠다는 의지를 가질 수 있고, 그 과정에서 발견한 다른 새로운 길을 찾아갈 수도 있습니다. 우리가 노력하는 과정에는 다양한 결과가 있을 수 있다는 열린 시야를 갖도록 안내해야 아이는 좀 더 편하게 자랍니다.

노력해도 안 되는 것이 있음을 알고 받아들이는 과정이 필요합니다. 이 과정을 제대로 배우지 못하면 자칫 아이는 자기가 하는 것은 다 옳고 자기가 최고라고 생각하는 '자기애 과잉'의 모습을 보일 수 있습니다. 이러한 아이들의 경우 자기가 무조건 리더를 해야 하고, 정답이 없는 상대평가의 경우 자신의 순위가 다른 아이들보다 낮은 것을 받아들이지 못하기도 합니다. 자기 한계를 받아들이지 못하는 것인데, 이러한 아이들은 주로 마음을 감정적으로 폭발시키듯 표현하다 보니 겉으로는 세 보이지만 속으로는 우울한 마음이 자리 잡고 있다고 볼 수 있습니다. 자기 한계를 받아들이지 못하면서 감정 조절에도 어려움을 겪는 모습이 따르는 경우가 많은 것입니다.

이것을 자연스럽게 습득하도록 안내하는 방법이 운동 시합입니다. 운동 시합을 시키면 아이들은 정말 온 힘과 온 마음을 다해 이기려고 노력합니다. 하지만 결국 게임의 승패는 정해지죠. 게임에서 이기고 져 보는 경험, 승리감과 좌절감을 골고루 경험할 때 아이는 성장합니다. 늘 이길 수만은 없다는 것을 자연스럽게 체득합니다.

누구나 잘하는 면과 부족한 면이 있다고 알려 주세요. 부족한 부분에 대해 지적이 아니라 수용받아보는 경험을 해야 마음을 솔직하게 표현하는 법도 배웁니다. 자기의 솔직한 감정, 실수한 상황, 부족한 모습을 꺼내놓는 아이로 자랍니다. 속상한 마음을 꽁꽁 가두는 것보다 겉으로 꺼내면 다루기가 쉬워집니다. 또한 나에게 부족한 모습이 있어도 나의 부모님은 나를 늘 사랑한다는 믿음, 내가 무언가를 잘해서가 아니라 나라는 존재 자체로 인정받는 경험을 갖게 됩니다.

잘 이기고 잘 지는 아이로 키우는 법

"우리 아이는 지는 것을 너무너무 싫어해요. 집에서 아빠랑 놀다가 지면 뒤집어져요. 유치원에서 이런 문제로 친구들과 트러블이 생길까 봐 걱정됩니다."

친구들과 함께하는 활동이 많아지면서 아이들은 내가 잘하는 것과 상대가 잘하는 것을 자연스럽게 파악하게 됩니다. 이기고 싶은 마음, 잘해내고 싶은 마음은 자연스러운 욕구여서, 누가 나보다 잘하는 것을 경계하고 더 노력해서 저 친구의 실력을 따라잡겠다는 마음도 키우게 되죠.

대다수의 아이는 게임에서 지면 무척이나 속상해합니다. 지는 것을 좋아하는 아이는 없으니까요. 아주 자연스러운 반응입니다. 그런데 그 반응의 모양은 여러 가지입니다. 울음을 터뜨리는 아이도 있고, 속상하지만 "다시 하자!"라고 재대결을 요청하는 아이도 있습니다. 어떤 친구는 자기가 졌다는 것을 절대 인정하지 않고 억울하다는 듯 무척 화를 냅니다. 아마도 부모들이 가장 염려하는 것은 세 번째 모습일 것입니다.

저는 여기서도 '놀이'를 강조하려고 합니다. 앞서 운동 시합을 통해 이기고 지는 경험을 다양하게 많이 하는 것이 도움이 된다고 언급한 것과 같은 맥락입니다. 운동뿐만이 아닙니다. 친구들끼리의 놀이에서는 자연스럽게 서로의 강점과 약점을 파악하고 정보를 주고받습니다. 예를 들어 주원이는 종이접기를 잘합니다. 진우는 달리기를 잘해요. 서원이는 맨손으로 곤충을 잘 잡습니다. 세 친구가 놀이터에 모였어요. 그러면 세 친구는 같이 놀기 위해 무엇을 하고 놀지 정합니다.

진우가 달리기 시합을 하자고 합니다. 처음 게임에서 진우가 역시나 1등을 합니다. 그러자 주원이가 다시 해 보자며 씩씩댑니다. 서원이는 진우가 너무 잘하니까 진우는 두 발 뒤에서 시작하면 참여하겠다고 합니다. 게임의 룰이 다소 바뀌었네요. 셋은 두 번째 달리기 시합을 합니다.

그렇게 놀다가 문득 나무에 붙은 매미를 발견합니다. 신기해서 가까이 다가가지만 만질 생각은 못 하고 있습니다. 그때 서원이가 나서서 용감하게 매미를 손으로 잡습니다. 친구들이 함성을 지르고 '멋지다!'고 해주자 으쓱해진 서원이가 친구들에게 매미를 보여 줍니다. 자연스럽게 곤충으로 관심사가 옮겨갑니다.

이때 종이접기를 잘하는 주원이가 매미를 담을 상자를 접어 주겠다고 나섭니다. 스케치북을 북 뜯어서 금세 상자를 접어 매미를 담았습니다. 아이들은 상자에 모여서 매미 소리를 들으며 깔깔대고 웃습니다. 다른 친구들이 서로 보여달라고 오자, 줄을 서야 보여 주겠다고 합니다. 한 친구가 너무 오래 보자, 한 사람당 셋 셀 때까지만 볼 수 있다는 규칙도 정해집니다.

어떤가요? 각기 다른 세 친구가 모여 함께 놀기 위해 서로의 의견을 자연스럽게 나누었습니다. 놀이를 정하고, 순서를 정하고, 못하는 친구를 위해 핸디캡도 적용했습니다. 자연스럽게 약자를 배려하는 자세를 갖게 되었네요. 승부에서 이기고 져 본 경험을 통해 나온 사회적 기술입니다.

이 과정에서 아이들은 자연스럽게 자신의 강점과 약점을 인정합니다. "달리기는 진우가 잘해! 그래도 종이 비행기는 내가 최고야!" 이렇게 말이죠. 자기의 실패를 잘 받아들이게 되었습니다. 그리고 져 보는 경험이 능력치를 키우는 데도 도움이 됩니다. 져서 기분이 안 좋으면 따로 연습을 해서라도 그 게임을 잘하려고 애쓰게 되거든요. 평소 공차기만 엄청나게 하던 아이라도 팽이 돌리기에서 지고 나서는 자기도 팽이를 잘 돌리겠다면서 연습하기도 합니다. 팔씨름에서 진 것이 분했던 아이는 갑자기 팔 운동을 시작하기도 하죠. 젠가와 같은 보드게임에서는 늘 이기던 아이가 달리기에서 만날 지는 게 분해서 주말에 공원에 가자고 졸라 달리기 연습도 합니다. 이렇게 놀이의 과정에서 경쟁심이 생겨나고, 그 경쟁심은 다양한 신체 능력을 키워 갈 기회로 확장됩니다.

또한 놀이에서는 아이가 가진 고유의 기질과 사회적으로 갖추어야 하는 관계 기술이 자연스럽게 연결됩니다. 게임에 질 때마다 과도하게 씩씩대는 아이와는 친구들이 가까이하지 않으려고 합니다. 놀이가 재미없어지니까요. 씩씩대던 아이도 이러한 분위기를 느끼면 스스로 조절해야 한다는 것을 알아차리기도 합니다. 또래가 모이면 유독 공격적이고 이기적인 친구가 있고, 매번 약자가 되는 친구도 있는데, 이런 여러 유형의 친구를 만나 조율해 본 경험이 학령기에 친구들 관계에서 맞게 되는 여러 문제에서도 자연스럽게 적응할 수 있게 만듭니다.

졌을 때의 열패감, 좌절감, 그에 따른 질투심은 아주 강렬한 감정입니다. 인간의 생존본능과 관련된 본능적 뇌(편도핵과 그 주변부)에서 나오는 감정이죠. 생태계에는 서열이 있고, 먹이 사슬의 하위로 갈수록 위기의 상황은 더 많아집니다. 인간의 세계도 마찬가지입니다. 눈에 보이지 않는 우열이 있고, 그러한 상황에서 살아남기 위해 투쟁의 감정이 생깁니다. 승부에서 이기겠다는 욕구가 생깁니다. 동물적 본능인 승부욕은 인간 본연의 욕구이기에 부정적으로 볼 수만은 없습니다.

다만 승부에 대한 표현에 대해 아들과 딸의 반응이 조금 다릅니다. 남자아이들은 자기의 감정을 격렬하고 노골적으로 표현합니다. 누가 봐도 좋고 싫음이 분명하고 단순하게 드러납니다. 여자아이들은 사회적으로 바람직한 기준social desirability을 따라가려는 모습을 좀 더 보입니다. 그래서 겉으로는 승부욕이나 질투심을 대놓고 드러내려고 하지 않습니다. 하지만 내면에는 분명 그러한 욕구가 있기 때문에, 이러한 욕구를 다른 식으로 표현합니다. 질투하거나 불편한 친구에 대해 은밀하게 배척하거나 고자질, 편 가르기, 따돌림으로 감정을 표현합니다.

어떤 감정이든 건강하게 표현할 줄 알아야 하고, 그 표현의 정도를 조절할 수 있어야 합니다. 승부욕과 같은 본능적 욕구는 아주 오래도록 꾸준히 다루고 훈련해 주어야 할 부분입니다. 질 수 있고, 져서 속상해할 수 있고, 지는 것은 부끄러운 것이 아님을 알려 주어야 합니다. 져서 속상해하는 마음은 자연스럽지만 그 감정을 표현할 때의 방법은 여러 가지가 있다는 것도 알려 주세요. 어려서부터 본능적 욕구를 다룰 힘을 길러 주어 승부욕을 자기효능감과 회복탄력성으로 업그레이드시키도록 이끌어야 합니다.

"네가 엄청 열심히 하더라. 그 모습이 멋진 거야." "져도 괜찮은 거야."

자녀를 꾸준히 다독여 주세요. 게임을 하면 누군가는 이기고 누군가는 진다는 것, 그래서 재미있게 놀기 위해서는 지는 것도 받아들여야 한다는 것을 알려 주세요.

"축하해."

게임에서 졌을 때, 친구에게 이 말을 건네게 시킨다는 부모도 있습니다. 분해서 눈물이 나오더라도 "축하해"라고 말하고 나면 체념이 좀 더 빨리 되기도 하고, 말하는 것도 일종의 훈련이어서 받아들이는 과정에 도움이 된다고 보는 것이죠.

부모에게 승부에 대한 조언을 자주 듣고 자란 친구들은, 게임에 져서 슬퍼하는 친구가 있으면 "져도 괜찮은 거야!" "우리가 먼저 가서 축하해 주자!"라고 말하며 친구를 다독이기도 합니다. 그래서 부모가 바람직하게 모델링해 주는 것이 필요합니다. 학습을 통해 감정을 조절할 수 있게 되고, 이성적으로 건강한 생각을 하도록 사고 회로를 반복적으로 훈련시켜 주면, 실패감이나 질투심과 같은 본능적인 욕구가 튀어나오더라도 긍정 회로가 더 수월하게 작동할 테니까요.

승부욕이 강한 아이들에게는 협동 놀이가 도움이 됩니다. 평소에 파악해 두었던 친구의 강점, 장점을 보고 서로 편을 맺고 힘을 합쳐서 이기는 것이죠. 혼자서는 못하지만 같이 하면 이길 수 있다는 사실을 발견합니다. 친구가 무언가를 잘한다는 것이 내게 도움이 될 수 있다는 것도 알아차립니다. 자연스럽게 친구의 강점을 인정하고 받아들이게 됩니다.

놀이를 통해 이런 과정을 경험하지 못하면 늘 자기중심적이고 협소하고 융통성 없는 아이가 됩니다. 내면의 욕구와 바람을 전부, 늘 충족시킬 수는 없습니다. 그런데 이기고 지는 놀이에 대한 경험치가 부족하면, 욕구가 좌절되었을 때 유독 크게 힘들어합니다. 유아기 때는 부모가 아이의 욕구를 어느 정도 수용해 줄 수 있지만, 아이의 세계가 확장된 만큼 욕구가 좌절되는 순간은 많아집니다. 학령기가 되면 더욱 그렇습니다. 교사도 아이의 좌절에 완벽하게 대응해 줄 수 없고, 친구들은 사실 다른 아이의 욕구에는 관심이 없습니다. 과도한 반응을 보이는 친구와는 거리를 두고 싶어 하죠. 그래서 욕구를 다루는 훈련이 되어 있지 않으면 좌절은 반복됩니다. 아이는 더욱 힘들어집니다.

또래 무리 속에서 지내는 경험을 꼭 제공해 주세요. 특히 협동 놀이는 나와 친구, 우리 유치원, 우리 학교, 우리 커뮤니티, 우리 동네, 우리나라, 나아가 인류와 생명체로 확장되어 가는 인식의 확장을 만듭니다. 결국 이것이 인간이 성장해 가는 과정이죠. 그래서 어느 순간부터는 '경쟁'보다 '상생'이라는 관점이 생기는 것입니다. 내 아이를 멋있게 키운다는 것은 공부 좀 잘하는 아이가 아니라 넓은 인식을 가진 아이로 키우는 것입니다.

공격성, 욕구를 다루는 훈련이 필요한 아이들

게임에서 지면 대부분 속상해하지만, 유독 큰 반응을 보이는 친구들이 있습니다. 화를 내고 소리를 지르는 모습이 흡사 공격적으로 보이기도 합니다. 놀이에서 자기가 생각한 방향대로 흘러가지 않거나 자기의 바람대로 이루어지지 않을 때 공격적인 반응을 보이기도 합니다. 이러한 자녀를 둔 부모는 아이의 사회성에 대해 크게 걱정하기도 합니다.

공격성은 조금 넓게 봐야 합니다. 누군가를 때리고 괴롭히는 것만이 공격성은 아닙니다. 질투심, 이기려는 마음도 다 공격성에 기반을 둡니다. 우리는 쉽게 공격성이 없는 아이가 예의도 잘 차리고 착하다고 오해합니다. 하지만 공격성을 나쁘게 볼 것만은 아닙니다. 경쟁사회에 잘 적응하게 만드는 힘, 승부욕, 동기를 부여하는 힘이 되기도 합니다. 잘하고 싶은 마음의 표현이고, 관심을 받고 싶은 의욕이 뒤섞인 건강한 욕구입니다. 공격성이 없으면 욕구가 저하되고, 이는 소아우울증이나 자기 주도성 저하로 이어집니다.

게다가 4~7세는 자기중심성이 강하기 때문에 배려와 공감을 기대하기는 아직 무리입니다. 아이가 자신의 욕구를 표현하고, 이기고 싶고 놀이에 대한 관심과 열망을 표현하는 것은 건강한 발달의 동기가 됩니다.

다만 욕구를 다루는 것은 훈련해야 하는 과정이 맞습니다. 감정과 욕구 자체는 나쁜 것이 아니지만, 어느 정도로 표현할지, 얼마나 오래 그 마음을 가져갈지 등의 정도를 조절하는 문제는 성장하면서 꾸준히 터득해야 할 과업입니다. 특히 욕구의 좌절을 잘 다루기 위한 연습이 많이 필요합니다.

공격성은 아이 혼자서 만드는 것이 아닙니다. 주변의 반응이나 자극과 연관됩니다. 7세 정도가 되면 공감 능력과 소통 능력이 어느 정도 발달하여 자기중심성에서 벗어나 친구 입장도 생각할 수 있게 됩니다. 약한 아이를 배려할 때 자기 기회를 빼앗겼다고 억울해하지 않습니다. 힘들거나 몸이 불편한 친구에게 양보하는 행동을 먼저 하기도 합니다. 만약 그러한 마음이 전혀 보이지 않는다면 정서 지능의 발달에 문제가 있지 않은지 고려해야 합니다. 자기 내면의 감정을 폭발적으로 표현하는 것은 조절 능력의 문제일 뿐 아니라 상황과 타인을 이해하지 못하는 공감, 정서 능력의 발달에 문제가 있을 수 있다는 신호입니다.

경쟁 상황에서 가볍게 화를 내거나 약간 안 좋은 말을 쓰는 것은 큰 문제로 볼 일은 아닙니다. 다만 정도가 얼마나 심각한가, 빈도수가 얼마나 높은가, 얼마나 오랫동안 문제 행동을 보이는가, 얼마나 작은 자극에도 공격적인 반응이 나오는가를 관찰해야 합니다.

이때는 너무 좌절되거나 통제적인 상황은 아닌지 환경적인 요인을 먼저 점검하면 도움이 됩니다. 과도한 통제로 거절감이 쌓인 아이들, 부모가 양육이라는 이름으로 아이의 정서를 억누르고 가혹하게 대하거나 때리는 행동을 했을 때, 아이 입장에서는 감당하기 어려운 감정이 폭력성으로 한꺼번에 터져 나오는 것입니다. 이럴 때는 아이의 마음에 쌓인 좌절감을 풀어 주는 방향으로 가야 합니다. 규칙과 규율을 분명하게 정하되, 그것을 가르치는 방식이 폭력적이어서는 안 됩니다. 아이의 요구가 합당하다면 들어줄 수 있는 유연한 자세도 필요합니다.

6~7세는 또래 관계를 통해 학습하고 발달시켜야 할 것이 많은 시기입니다. 그런데 공격성이 조절되지 않은 표현으로 과하게 나올수록 또래 관계에 손상을 입게 됩니다. 학령기 전후로 배려나 공감 같은 사회성 발달에 문제가 생기면, 이후에도 계속해서 예민하고 충동적이고 자기 욕구만 주장하며 상황에 맞지 않는 말이나 행동이 자주 나올 수 있습니다.

그런데 좀 더 어려운 이야기를 꺼내자면, 지나친 공격성이 아이의 기질적 문제 또는 조절장애일 가능성도 큽니다. 공격적이고 과활동적인 성향을 지닌 기질의 아이는 조절 능력을 보다 체계적으로 키우기 위해 좀 더 특별하고 세심한 지도와 훈련이 필요합니다. 5~7세부터 놀이 치료, 행동 치료도 적극적으로 받고, 부모 교육도 받으세요. 가정에서 상과 벌을 통한 보상체계를 세우는 것도 도움이 됩니다. 공동의 목표를 위해 개인의 욕구가 희생될 수 있다는 것을 꾸준히 설명하고, 관련된 동화책도 함께 자주 읽어 주세요. 부모뿐 아니라 기관의 교사도 마찬가지입니다. 먼저 아이의 기질적 차이를 이해해 주어야 하고, 규칙과 표현 조절, 타인의 감정에 대한 이해를 꾸준히 반복해서 알려 주어야 합니다.

4~7세의 아이는 놀이를 통해 공감, 소통, 사회성, 조절 능력을 키워 가지만, 기질적으로 공격적인 성향이 두드러진 아이라면 부모 교

육과, 행동 치료를 통해 일관성 있는 규칙을 꾸준히 적용하는 노력이 필요합니다.

회피성, 승부에 의욕을 보이지 않는 아이

아이가 이기는 것을 너무 좋아해도 문제지만, 이기고 지는 것에 별로 관심을 갖지 않는 것도 문제입니다. 잘하고 싶은 마음, 이기고 싶은 마음은 본능이기 때문입니다. 그런 욕구가 보이지 않는다면, 경쟁 자체에 별로 의욕이 없다면 더 세심하게 관찰하고 보듬어 줄 필요가 있습니다.

어릴 때부터 아이가 원하지 않았음에도 부정적인 경험을 많이 해온 아이들이 있습니다. 무겁게는 학대받고 자란 아이, 가볍게는 칭찬받지 못하고 자란 아이들입니다. 아이들은 기본적으로 칭찬을 참 많이 받고 자랍니다. 밥을 다 먹어도 칭찬받고 웃어도 칭찬받고 걸음마만 해도 칭찬을 받습니다. 단어만 말해도 칭찬받고 노래만 불러도 칭찬을 받습니다. 0~3세는 칭찬을 참 많이 받는 시기죠. 문제는 4~7세가 되어, 부모의 높은 욕심이 불쑥 솟아나면서부터가 고비입니다.

재미없는 단어카드에 적힌 숫자나 한글, 영어 표현을 외워야 하는 학습 위주의 학원이나 기관에 다니게 되는 아이들에게서 이러한 모습이 자주 보입니다. 빼어나고 잘해야 한다는 수월성을 강조하는 환경이 일방적으로 주어진 경우입니다. 이런 분위기에 잘 적응하고 잘 따라가는 아이들도 분명 있습니다. 수월성을 요구하는 환경이 이러한 아이들을 자극해서 실력이 더 늘기도 합니다. 잘하는 그룹에 속하는 아이는 꾸준히 칭찬받으면서 시너지가 생겨 더 잘하려고 노력하기도 합니다.

하지만 일부 잘하는 아이를 기준으로 삼고, 내 아이도 그만큼 해내야 한다고 생각하는 부모의 경우가 문제입니다. 아이가 못 따라가는 것이 문제가 아니라, 아이에게 부정적인 피드백을 반복해서 경험하게 하는 것이 문제입니다. 반복적인 좌절 속에서 의욕을 잃어버린 친구들이죠. 아이가 자기 스스로 그런 환경을 선택한 것이 아닙니다. 부모가 정해준 환경이 일방적으로 주어졌는데, 그곳에서 부정적인 피드백이 쌓입니다. 학습의 동기가 없었던 데다 실패 경험까지 쌓이면서 학습된 무기력learned helplessness이 생기게 됩니다.

학습된 무기력은 우울증을 초래하기도 합니다. 물론 무기력하다고 다 우울증으로 이어지지는 않지만, 부정적 경험이 반복되고 그 경험에서 헤어나오지 못하면 '나는 뭘 해도 안 돼' '나는 능력이 없어'라는 자기부정적 생각이 쌓여서 무언가를 하고자 하는 의욕과 점점 거리가 멀어집니다. 이러한 아이들은 무엇을 해도 즐거워하지 않습니다.

이렇게 생긴 무기력은 발달 환경과 자극 내용을 완전히 바꿔 주지 않으면 회복되기 매우 어렵습니다. 부모부터 각성해야 합니다. 교육을 제공하더라도 아이가 할 수 있는 것을 주는 쪽으로 전환해야 합니다. 놀이가 중심이고 아이의 수월성이 드러날 수 있는 방향으로 가야 변화가 보입니다. 소소한 성취감이라도 자주 느낄 수 있도록 환경을 바꾸고 칭찬의 내용과 방향도 바꾸어야 합니다.

학습된 무기력에 빠지기 쉬운 기질도 있습니다. 회피성 기질의 경우입니다. 뭔가를 해보려는 마음보다는 조금만 어려워도 피하려는 아이들, '안 할래' '싫어' '무서워'라는 반응을 주로 보이는 아이들입니다. 능동적이고 적극적인 아이는 40번 정도의 실패 경험과 부정적 피드백이 쌓여야 학습된 무기력의 반응을 보이는데, 회피성 기질의 아이들은 4~5번 정도만 실패해도 '나는 도저히 못 해' 이렇게 결론을 내립니다.

기질 특성은 오래갑니다. 만약 내 아이의 무기력이 회피성 기질에 의한 것이라면, 아이에게 맞는 환경을 제공해 주어야 합니다. 주로 경쟁적 상황이 없는 환경이 될 것입니다. 특히 예술적 능력을 가진 사람들이 회피성 기질 특성을 좀 더 많이 보일 수 있습니다. 자기를 두드러지게 드러내고, 성취지향적이고, 경쟁적인 환경에서 승리하는 것을 좋아하지 않는 아이들, 자주 피곤해하고 답답해하고 짜증을 내는 예민하고 섬세하고 불안한 성향의 아이들입니다. 드러내는 것보다 숨어서 하는 성향의 아이라면 그 성향을 존중할 필요도 있습니다.

기질은 타고난 것입니다. 다만 성장하면서 기질을 다룰 수 있는 능력을 키워서, 어른이 되면 어느 정도의 독립된 생활을 할 수 있게 되는 것이죠. 아이의 성향이 이러하다면, 어울리는 경쟁 상황보다는 예술적인 성향, 독창적인 성향을 발현할 자기 욕구 표현의 기회를 마련해 주고, 그런 아이의 표현을 인정하고 지지해 주는 환경을 제공하는 것이 필요합니다.

자녀의 실패를 대하는 부모, 스스로 점검할 것들

아이의 승부욕을 어떻게 다룰 것인가에 대해 이야기했는데, 4~7세 아이의 승부욕과 관련하여 꼭 점검해야 할 부분이 하나 더 있습니다.

"나의 자녀가 경쟁에서 져도 정말 괜찮습니까?"

아이가 승부에 졌을 때, 말로는 "괜찮아"라고 하지만 진심은 아이보다 더 속상해하지는 않았나요? 어쩌면 아이는 부모의 표정에서 실망을 읽어냈을지 모릅니다. 처음에는 "괜찮다"라는 부모 말을 그대로 받아들이더라도, 결국은 부모의 본심을 읽게 될 것입니다. 게다가 실수로라도 "또 졌어?"라는 말이나 뉘앙스를 풍기면, 아이들은 지는 것을 잘 받아들이기 어려워집니다.

부모와 아이의 애착이 이처럼 민감합니다. 내가 가장 사랑하는 사람의 감정 반응이기 때문입니다. 자녀에게 보이는 표정과 말투, 칭찬과 위로에 담긴 미묘한 뉘앙스, 이 모든 것을 아이가 본능적으로 느끼고 있습니다. 그래서 승부에 지나치게 집착하지 않고, 좀 더 의연하고 유연한 아이로 키우고 싶다면, 부모가 먼저 성숙해야 합니다.

내 아이가 인류를 사랑하는 멋진 위인으로 자랐으면 좋겠나요?

내 아이가 좌절에 굴하지 않게 키우고 싶나요? 학업에 푹 빠져서 놀라운 성과를 내게 하고 싶나요? 내 아이를 그렇게 키우고 싶다면, 부모가 그러한 모습이 되어야 합니다. 좌절에 굴하기보다 다음의 성장을 계획하고, 더 너그럽고 성숙한 시민 의식을 가지며, 내게 주어진 일에 최선인 모습을 보여야 합니다. 그래서 양육이 어렵습니다. 아이를 큰 그릇으로 키우려면, 부모의 마음이 진심으로 성장해야 하기 때문입니다.

부모의 과도한 바람이 자칫 아이의 마음에 상처를 주고 있지는 않은지, 아주 객관적으로 부모 자신의 마음을 살폈으면 합니다. 내가 못 이룬 욕구, 바람을 아이에게 투영하지 마세요. 너무 엄격한 부모 밑에서 못 했던 것, 그래서 충족되지 못했던 자신의 욕구를 아이가 실현해 주었으면 하는 바람이 있는 것은 아닌지 들여다봐야 합니다. 우리나라 부모는 자녀를 나의 분신, 내 삶의 연장선으로 보려는 문제가 있습니다. 내 욕구와 아이의 욕구는 다릅니다. 아이는 나와 다른 사람입니다. 부모는 자녀를 바르게 안내할 책임이 있지만, 도를 지나친 기대나 몰입이나 자책감과는 거리를 두어야 합니다.

부모는 양육을 맡은 사람입니다. 그 책임을 다하면 됩니다. 하지만 정서적으로 너무 얽혀서는 안 됩니다. 양육의 목표는 독립이고, 독립의 방향은 아이가 좋아하는 일을 잘 수행해내면서 살도록 안내하는 것까지입니다. 아이의 부족한 부분을 발견했을 때, 아이의 성과가 부모의 기대만큼 나오지 않을 때일수록 부모의 마음을 점검하세요.

그리고 내가 부모에게 받았던 양육은 어땠는지, 자신의 애착을 한 번 돌아보아야 합니다. 단적으로, 완벽주의 성향의 부모로부터 양육을 받고 자랐다면, 나도 나의 자녀에게 완벽한 모습을 요구하고 있을지 모릅니다. 자신이 어릴 적에 부모로부터 지적과 실망의 눈빛을 자주 받았다면, 지금 내가 자녀를 그러한 눈빛으로 바라보고 있을지 모릅니다. 통제적인 부모 밑에서 자라 힘들었다면, 나도 자녀를 과도하게 통제하거나 반대로 완전히 방임하고 있을지도 모릅니다.

많은 심리서에서 부모 자신의 애착 경험을 점검하라고 말하는 것은 이러한 이유 때문입니다. 자신이 양육받은 환경은 무의식에 굉장히 강하게 작용해서, 내가 받은 양육 경험대로 인간관계를 형성하고 자녀를 양육하게 됩니다. 자신의 애착이 건강하지 않았음을 알아차린다는 것은, 나의 아이에게 주고 있는 잘못된 양육 습관을 알아차리고 바꿀 기회를 갖는 것입니다.

특별히 자녀의 승부욕과 관련해서는 부모에게 완벽주의적이고 통제적인 모습이 있지 않았는지 경계해야 합니다. 잘 모르겠다면, 내가 자라면서 받아 온 부모의 양육 방식을 생각해 보면 됩니다. 내가 목표를 이루지 못했을 때, 내가 좌절했을 때 그때 나를 바라보던 부모의 눈빛이, 지금 내가 나의 자녀를 바라보는 눈빛은 아닌지 경계하면 됩니다.

이 과정에서 주의할 것이 있습니다. 애착을 점검하면서 자신의 부모를 원망하는 길로 가지는 말아야 합니다. 우리 부모의 세대는 지금의 세대처럼 양육과 마음 건강의 중요성을 몰랐던 세대입니다. 심지어 마음 건강에 대해 꾸준히 공부하고 있는 저와 같은 정신건강의학과 의사도 부모로서는 부족한 모습을 보일 때가 많습니다. 하지만 어른이 된다는 것은, 상처를 인정하되 앞으로 더 나아갈 방향을 알아가는 과정이라고 생각합니다. 상처에 매몰되어 힘들어하고 원망하는 것은 나 자신에게 도움이 되지 않습니다. 부모가 된 우리는 앞으로 당당히 한 걸음 나아가야 합니다.

자책감에 머물 필요도 없습니다. 우리가 부모에게 상처를 받은 순간도 있지만 감사하고 행복했던 순간도 넘치는 것처럼, 내 아이도 부모인 나에게 상처를 받을 때가 있지만 사랑하는 부모와 함께한 행복한 순간을 자양분 삼아 무럭무럭 자라고 있습니다.

잘 이기고 잘 지는 아이로 키우고 싶다면, 승부의 결과보다 최선을 다하고 있는 내 아이를 진심으로 응원하는 마음을 갖겠다고 부모 스스로 다짐했으면 합니다. 한창 배워 가는 과정이므로 아이가 당연히 실수할 수 있다는 것을 인정하고 받아 주어야 합니다. 아이는 부모의 눈빛에 비친 응원을 읽고 더욱 성장할 것입니다.

양육에 꼭 필요한 것, 자신감과 여유

자녀에게 자폐 성향이 있는 것 같다며 한 엄마가 검사를 받고자 진료실을 방문했습니다. 검사를 진행하고 아이와 엄마를 대상으로 몇 가지 질문을 하고 대화를 나누며 아이의 상태를 살폈습니다. 저는 가능하면 주양육자인 부모의 의심과 의견에는 이유가 있다고 생각하지만, 제가 살펴본 아이의 반응과 검사 결과는 뚜렷했습니다. 아이는 자폐가 아니었습니다. 다만 걸리는 것은 아이와 엄마의 소통이 원활해 보이지 않았습니다. 뭔가 불편해 보였습니다. 그러나 결과적으로 자폐는 분명히 아니었기에, 양육의 방향을 점검하라는 조언을 건넸습니다.

하지만 엄마는 계속해서 아이를 의심했습니다. 자기 기준에서는 아이가 분명 이상하고, 전문의가 놓친 부분이 있을 것이라고 생각했습니다. 저에게 오기 이전에도 대형병원 두 곳을 들러 검사를 받은 터였고, 저를 거쳐 다른 병원도 다시 방문했습니다. 결과는 동일했습니다. 그럼에도 엄마의 불안은 그치지 않았고, 다음 해에 다시 저를 찾아와 재검사를 요청했습니다.

사실 이분에게는 자기 자신에 대한 불안감이 있는 듯했습니다. '정확하지 않은incorrect 양육'을 하고 있다는 불안감이 커서, 아이에게 문제가 있다고 생각하게 된 것입니다. 불안은 꼬리를 물고, 아이의 부족한 부분을 확증편향의 증거로 모으게 됩니다.

보통의 경우에는 '혹시 내 아이가 자폐 아닐까' 하는 불안이 있더라도, 병원의 진단 결과를 받고 나면 안심하고 아이와 더 밀접한 관계를 보내는 데 에너지를 쏟습니다. 병원에서도 불안을 거두고 의심이 들게 만든 아이의 발달 부분을 어떻게 다루면 좋을지 안내하죠. 그런데 부모가 자녀에게 끝없이 불안한 시선을 보내고, 그런 자신의 불안을 확인하는 데 온 에너지를 쏟고 있다면, 아이는 부모의 눈빛에서 무엇을 읽을까요?

자신을 부정적으로 바라보는 부모의 시선, 말, 태도에 대해 아이는 민감하지 않을 수 없습니다. 버림받을 수 있다는 불안이 본능적으로 싹틉니다. 부모의 고갈된 마음이 아이에게 이상한 반응을 유도할 수도 있습니다. 경직되거나 우울한 반응, 불안 관련한 반복 행동, 혼자 있으려는 위축된 행동이 그 예가 됩니다. 아이의 이러한 반응을 본 부모는 자신의 불안과 의심대로 확증되었다며 다시 병원을 찾아다니는 과정을 반복합니다. 정말 안타까운 사례입니다.

양육에 있어서 무언가 잘못되었다는 불안을 느낄 때가 있습니다. 그럴 때는 전문가의 정확한 평가와 진단이 필요합니다. 정확한 진단 자체도 중요하지만, 양육의 자신감을 갖기 위해서도 그렇습니다. 아이에게 문제가 없다는 진단을 받았음에도 불안감이 줄지 않는다면, 그때는 부모의 마음 건강을 확인해 보길 권합니다. 양육에 대한 자신감을 잃고, 아이에 대한 자신의 양육 방식이 틀렸다고 자책하며, 아이에게 문제가 생겼다는 왜곡된 고리에 빠져 있지는 않은지 말입니다.

아이를 키우는 일은 어깨에 힘을 좀 빼야 하는 일입니다. 몸이 편하고 시간이 남아야 한다는 의미가 아니라, '내 아이를 가장 오래 살핀 내가, 내 아이를 가장 잘 안다'라고 하는 자신감과 여유를 가져야 한다는 의미입니다. 주변에 넘쳐나는 의견과 정보는 참고만 하세요.

부모의 불안을 자극하는 마케팅과 영상이 넘쳐납니다. 그런 말들에 휘둘려서 부정적인 정보를 내 마음의 중심에 놓아서는 안 됩니다. 여유가 없으면 불안과 긴장, 평가가 내 마음을 가득 차지합니다. 그러면 아이와의 관계가 더 어려운 방향으로 가게 됩니다.

'저런 사례도 있구나. 나도 아이 마음에 조금 더 귀를 기울이자.'

'아이를 내가 주도하려고 하지 말자.'

'아이는 잘 자라고 있어. 아이를 믿어 주고 아이가 좋아하는 것을 지지해 주자.'

'나 혼자 아이를 판단할 것이 아니라 교사도 있고 의사도 있으니까 의심이 들면 확인받으면 돼.'

이 정도의 선에서 정리했으면 합니다.

우리의 불안을 건드릴 요소는 참 많습니다. 부모의 자존감, 양육 자신감, 현실적 상황들, 어릴 적 경험이 내 안에서 갑자기 튀어나오기도 합니다. 그래서 부모의 마음 건강을 계속해서 돌보아야 합니다. 마음 건강을 살피는 일은 여유가 있어서가 아니라 아이를 위해 해야 합니다. 부모와 자녀 사이에 정서적 안정감을 잃는 것만큼 아이의 발달에 부정적인 것은 없습니다.

CHAP 9. 넘어져도 다시 해내는 힘, 회복탄력성

팬데믹 위기에서 가장 중요하게 떠오른 회복탄력성

코로나 팬데믹으로 집에 있는 시간이 늘면서 집에서 할 수 있는 여러 취미 생활이 소개되었는데, 그 중 대표적인 것이 플랜테리어입니다. 다양한 식물을 키우면서 정서적 안정과 위로도 받고, 집도 꾸미고, 베란다텃밭에서 직접 채소를 길러 먹으며 수확의 재미도 느끼는 것입니다.

플랜테리어의 세계에 발을 들인 한 지인이 있습니다. 이런저런 식물들을 들여왔고, 식물들을 아끼는 마음에 물도 자주 주고 비료도 듬뿍 주었는데, 과도한 애정이 탈이었을까요. 몇몇 식물은 주인의 손길과 환경에 적응했지만 가장 아끼던 올리브나무가 결국 죽었다고 했습니다. 식물마다 물 주는 시기와 햇빛량, 통풍 등 필요로 하는 환경이 다르다는 것을 미리 공부했어야 하는데 마음만 앞섰다며 자책

했고, 자신은 식물을 키우기에는 '곰손'인 것 같다면서 식물 키우기가 겁이 난다고 했습니다. 그래서 저는 이렇게 제안했습니다.

"비슷한 올리브나무를 구해서 다시 키우세요."

실패했는데 다시 키우라니, 그분은 어리둥절해했지만 결국 용기를 내어 같은 종류의 올리브나무를 사다가 다시 키우기 시작했습니다. 몇 달 후, 다행히 올리브나무가 무럭무럭 잘 자라고 있다며 사진을 보내주었습니다. 한겨울이 고비였는데 봄이 되니 다시 기지개를 편다며 좋아했습니다.

이분은 식물을 키우다 실패했지만, 자신이 왜 실패했는지 이해하고 있었습니다. 올리브나무의 생육 환경에 대한 정보를 확인하고, 그동안 자신이 해 온 방식 중 물 주는 시기와 방법에 문제가 있다는 것을 파악했습니다. 그래서 저는 다시 해보기를 권했던 것입니다. 실패했다는 결과에 멈추기보다, 실패하더라도 다시 도전하는 것이 멘탈을 키우는 데 도움이 되기 때문입니다. 오히려 실패했던 경험에서 얻은 정보가 다음의 성공을 위한 자양분이 되었죠. 이것이 문제를 피하지 않았을 때 얻을 수 있는 성취감, 회복탄력성의 하나라고 봅니다.

팬데믹을 경험하면서 우리에게 '회복탄력성'은 더욱 절실해졌습니다. 우리는 코로나를 겪으면서 우리의 부족한 상황을 알게 되었습니다. 안타깝게도 많은 전문가는 팬데믹 상황이 다시 온다고 예측합니다. 전혀 새로운 감염병이 얼마든지 창궐할 수 있고, 이는 한 국가만의 문제가 아니라 전 세계를 마비시킬 수 있음을 경고합니다. 우리는 코로나19로 세상이 멈춘 듯 두려움에 떨었습니다. 하지만 이제는 다음을 준비하며 일어나고 있습니다. 마찬가지로 이후의 위기에도 우리는 이 경험을 자양분 삼아 의료 체계에서 무엇을 준비해야 하는지, 아이들의 양육과 교육을 어떻게 준비할 것인지 잘 대응할 것이라고 믿습니다.

코로나 팬데믹으로 '시간이 멈춘 듯하다'고 사람들은 말합니다. 그런데 이것이 유·소아기 아이들에게는 현실이 된 문제입니다. 부모의 스트레스 증가와 보육 기관의 등원 정지로 36개월 이전의 아이들이 친밀한 애착과 상호작용이라는 환경을 제공받을 기회가 줄었고, 48개월 이상 아이들의 외부 활동이 제약을 받으면서 정서 발달, 인지 발달에 제동이 걸렸습니다. 이로 인해 팬데믹 이전의 또래 발달에 비해 언어 발달, 지능 발달이 유의미하게 떨어졌다는 연구 결과가 발표되기도 했습니다.

사실 팬데믹과 같은 위험이 아니어도 0~3세의 아이 중에서 언어 발달, 인지 발달, 사회 발달에 지연을 보이는 경우는 20~25%로 생각보다 많습니다. 이유는 다양합니다. 아이의 주양육자인 부부간의 관계가 좋지 않거나, 양육자의 우울이나 불안과 같은 정서 문제, 또는 경제적 어려움이나 적절한 보육 시설의 도움을 제공받지 못하는 등의 환경 요인이 있을 수 있습니다. 때로는 아이의 발달 속도가 느리거나, 자극에 매우 민감해서 정보를 수용하는 데 시간이 걸리는 등 기질이나 발달 특성 때문이기도 합니다. 그러나 부모가 인지 및 정서 활동을 강화하는 전문가와 기관의 도움을 적극 받으며 개선할 의지를 보이면, 대다수의 아이는 빠르게 정상 발달 속도를 따라잡습니다.

여기에 희망이 있습니다. 아이들의 뇌는 엄청나게 빠른 속도로 발달하고 있기에, 회복의 속도도 좋습니다. 코로나로 어려움을 겪었고, 아이들의 언어 능력, 지적 능력이 다소 뒤처졌다는 연구가 있지만, 아이들에게 양질의 기회가 주어진다면 분명 빠르게 회복될 것이라고 기대합니다.

뇌의 신경망은 한 번 연결되면 영구적으로 유지되는 것이 아닙니다. 뭔가 문제가 생기면 문제 상태로 머물러 있지도 않습니다. 새로운 환경이 주어지면 빠르게 적응해 필요한 회로를 만들어 내기도 하고, 불필요한 회로를 잘라내기도 합니다. 이를 신경가소성이라고 합니다. 아이들의 뇌는 위기를 극복할 가능성이 충분합니다. 그러나 코로나로 인해 적기 발달을 놓친 만큼, 이전보다 더 다양하고 충분한 환경이 제공되어야 합니다. 이는 부모만의 숙제가 아닙니다. 기관과 양육 정책, 교육 정책이 모두 통합적으로 어우러져야 하기에 우리 어른들 공동의 숙제입니다.

넘어져도 다시 일어설 힘의 원천, 생각 습관

자녀의 회복탄력성을 키우기 위해 가정에서 부모가 해 줄 수 있는 가장 좋은 방법은 생각의 습관을 만들어 주는 것입니다. 뇌의 신경망, 뇌의 회로는 일종의 산책로와 같습니다. 우리의 뇌에는 수많은 신경망이 있는데, 이 신경망 중에는 자주 쓰이는 길도 있고 자주 쓰이지 않는 길도 있습니다. 유소아기는 신경망이 연결되고 서로 신호를 주고받으면서 활발하게 정보를 쌓고 길을 넓혀가는 시기이기 때문에 생각 습관을 기를 수 있는 적기입니다. 아무도 가지 않은 산길에는 수풀이 우거져 있지만 사람들이 다니기 시작하고 자주 드나들면서 길이 다져지고 넓어지는 것처럼, 생각의 길도 '부정적 사고 습관'보다는 '긍정적 사고 습관'의 방향을 자주 쓸수록 더 건강하게 강화됩니다.

생각 습관이 중요한 이유는 우리의 생각이 '자동 사고'로 연결되기 때문입니다. 우리의 행동이 평소 하던 습관대로 무의식적으로 하는 경우가 많은 것처럼, 생각도 의도하지 않으면 평소 자주 하던 생각의 방향으로 자연스럽게 흘러갑니다. 그래서 생각 습관의 길을 다져놓는 것, 생각의 근육을 키워 주는 훈련을 통해 긍정적 사고 습관의 회로를 강화해 놓으면 일상에서 부딪히는 여러 상황에 대해 보다 긍정적으로 반응하고 대응할 수 있게 됩니다.

그렇다면 '긍정적 사고 습관'에는 구체적으로 어떤 내용이 담겨야 할까요? 두 가지의 생각 회로를 '함께' 길러야 합니다. '지금 이런 부분을 보완하면 다음번에는 성공할 수 있을 것 같아!'라는 가능성의 마인드와, '계속해도 되지 않네. 내가 이 부분은 잘하지 못하는구나'

라는 수용의 마인드입니다.

넘어져도 다시 일어설 힘을 가진 아이, 실패해도 다시 해보겠다며 도전하는 아이로 키우려면 실패하지 않는 환경만 주는 것이 답이 아닙니다. 실패, 실수를 해 봐야 자신의 부족함을 발견합니다. 여기서 실패를 보완할 부분으로 해석하는 힘이 생각 습관입니다. 생각 습관이 다져져 있다면 실패는 건강한 자양분이 됩니다.

그렇다고 실패의 경험만 제공하는 것도 답은 아닙니다. 실패의 경험이 수없이 반복되면 아이는 '나는 뭘 해도 안 돼'라는 무기력감에 빠질 수 있습니다. 그래서 성공 경험과 실패 경험을 골고루 경험하게 해야 합니다. 아이들끼리 놀면서 서로 이기고 지는 경험을 제공해야 하는 이유입니다.

자녀의 생각 습관을 잘 만들어 주려면, 건강한 실패와 건강한 도전의 마인드를 키우려면 어떻게 해야 할까요? 부모의 모델링입니다. 부모가 그러한 모습을 보여 주는 것입니다. '긍정적인 사고를 하는 척' 하는 것으로는 부족합니다. 한두 번 아이에게 '이렇게 생각해 보자'라고 말해 준다고 해서 모델링이 되지 않습니다. 부모의 모델링은 일상의 수많은 대화를 통해, 어떤 사건과 상황에 대한 부모의 반응에서 아이가 스펀지처럼 부모의 반응을 흡수하는 것입니다. 그래서 부모가 자신의 생각 습관을 건강하게 바꾸는 것이 먼저입니다.

"그럴 수 있지!"

"원래 한두 번 실패하면서 배우는 거야."

"처음 도전했는데도 꽤 잘 해냈는데? 여기만 연습하면 더 나아질 것 같아!"

아이가 어떤 위기를 경험했을 때 빠르게 털고 일어나려면 부모의 의연한 반응이 도움이 됩니다. 부모가 평소 자신의 문제 해결, 아이의 실수나 문제에 대한 반응을 어떻게 했는지 점검해 볼 때입니다. 만약 자기도 모르게 "어휴 짜증 나!"라고 감정부터 쏟아낸다면, 아이도 비슷한 반응을 보일 것입니다. 내 모습이 아이가 따라 해도 괜찮은 모습인지 점검해 보세요. "빨리 손쓰면 해결할 수 있어!" 이렇게 표현만 좀 다듬어도 도움이 됩니다.

위기가 없는 모습만 보여 주는 것은 도움이 되지 않습니다. 앞서 부부싸움을 할 때 잘 싸우는 모습을 보여 주라고 언급한 바 있는데요. 마찬가지입니다. 어려움이나 문제가 되는 상황이 있을 때 어떤 고민을 하고 있고 어떤 감정이 드는지, 하지만 어떻게 풀어가려고 노력하고 있는지 아이에게 설명해 보세요. 그러면 아이도 실패나 실수를 저질렀을 때, 부정적인 감정이 들더라도 이내 다음을 생각하는 태도를 보이게 됩니다. 그러한 태도가 생각 습관을 만듭니다. 그리고 부모의 생각 과정에 참여하면서 소속감도 느끼게 됩니다. 어른스럽게 생각하지는 못하지만 나름의 해결책도 제시하고요, 부모처럼 생각해 보려고 애쓰는 모습도 보입니다.

회복탄력성은 누구나 넘어질 수 있다는 것을 전제로 합니다. 부모가 먼저 내 아이가 늘 잘할 수 없다는 것을 인정하고 받아들여야 아이도 자신의 실패와 실수를 자연스럽게 받아들입니다. 받아들인 후에 다시 해볼지, 다른 방향으로 시도할지를 고민할 여지가 생깁니다. 결국 실패한 것이 문제가 아니라 실패든 성공이든 어떤 마음으로 그 상황을 '받아들이는가'에 따라 발달의 방향은 달라집니다.

4~7세에 싹이 트는, 자아신뢰감과 자아존중감

뇌 발달을 그림으로 표현하면 어떨까요? 직선으로 뻗어 나갈까요? 아니면 일정하게 가다가 어느 순간 훌쩍 뛰어오르는 계단식일까요? 제가 관찰한 아이들의 뇌 발달은 나선형입니다. 나사처럼 점에서 시작해 뇌의 각 부위가 순차적으로 자극되면서 발달의 양과 질이 나선형으로 늘어갑니다.

뇌의 각 부위마다 분명 발달의 적기가 있습니다. 하지만 뇌의 각

[그림] 나선형 발달

부위는 독립적으로 일하지 않습니다. 특정 시기마다 중점적으로 발달하는 부위가 있지만, 그 부위는 다른 뇌에게 계속 정보를 보내면서 다음의 발달을 준비하도록 시킵니다. 서로 영향을 주고받으면서 발달의 폭이 점점 넓어지고 세분화되어 갑니다.

'자존감'이라는 말이 참 익숙해졌습니다. 독립된 한 인격체로 살아가는 데 있어서 나 자신을 신뢰하고 존중하는 마음을 갖는 것은 매우 중요합니다. 하지만 아직 4~7세는 스스로 자신을 바라보는 눈을 가지기에는 미숙합니다. 그래서 부모의 눈빛에서 자신을 읽고, 자신의 이미지를 만들어가는 시기입니다. 자기 자신을 존중하는 마음, 자기 자신을 신뢰하는 마음은 좀 더 큰 이후에 생겨납니다. 하지만 뇌가 나선형으로 발달하듯이, 이 시기에도 분명 자아존중감, 자아신뢰감의 발달을 준비하라는 신호를 받습니다. 바로 자기조절력을 키우면서 말입니다.

자기조절력은 이성적인 뇌인 전두엽에서 주도합니다. 본능적인 뇌인 편도체와 변연계에서 '다음 발달은 네 차례야, 내가 주는 정보를 잘 받아 둬'라면서 부지런히 자극해 준 덕분에 무엇을 조절하고 어떻게 행동할지 판단할 수 있게 됩니다. 본능적인 뇌가 준 정보에는 좋아하는 일을 선택해서 성공해 본 기분 좋은 경험, 뭔가를 엄청나게 열심히 몰두해 본 경험, 새로운 것을 발견했는데 너무나 흥미로웠던 경험 등이 포함됩니다. 실패해서 기분이 안 좋았던 경험도 도움이 됩니다. 실패했다가 다음에 성공하면, 기분이 훨씬 더 좋아진다는 것을 학습했죠.

흔히 자아신뢰감, 자기존중감은 어려서 잘한다고 칭찬받아 본 경험이나 상장을 받아 본 경험으로 쌓인다고 생각하는데요. 물론 그것도 하나의 정보가 됩니다. 그런데 핵심은 아이가 '스스로 선택한' 무언가를(자기주도성) 재미있고 즐겁게 해냈을 때의 뿌듯함(자기효능감), 무척 기뻐하던 부모의 시선(인정욕구 충족)에서 비롯됩니다. '자기 스스로 선택한 것'과 '그 과정에서 느낀 재미'와 '결과에서 얻은 성취감'과 '부모의 기뻐하는 눈빛에서 받은 사랑'이 복합된 것입니다.

여기서 아이의 자아신뢰감을 키우기 위해 부모가 해야 하는 양육의 방향이 나옵니다. 아이가 스스로 선택하게 하는 '자기주도성'입니다. 만 3세면 벌써 나타나기 시작하는 '내가! 내가!'의 표현은 사실 아이의 발달에 꼭 필요한 욕구였던 것입니다. 아이가 먼저 '스스로 해 보겠다'는 의견을 표현할 때 "그래 해 봐!"라며 응원하고 받아 주는 것이 해내는 아이로 만드는 토대가 됩니다. 단, 아이가 스스로 선택한 도전이라야, 자기의 선택이 존중받는 기분을 넘어 선택한 것을 해냈을 때의 자기효능감을 경험합니다. 자기효능감이 쌓이면서 학령기 이후에는 자신의 선택과 판단을 믿게 되는 자아존중감이 싹트게 됩니다.

자아존중감을 싹틔우는 또 하나의 양육 방향이 있습니다. 아이의 인정 욕구를 채워주는 것입니다. 인간은 사회적 존재이기에 사랑받고 싶고 인정받고 싶은 욕구가 있습니다. 이러한 본능을 위해 정서지능이 발달해 나갑니다. 사회의 수많은 사람 속에서 잘 적응하기 위해, 더 많은 사람에게 사랑받고 인정받기 위해 자기의 정서를 조절하고 타인을 배려하는 법을 배워 가는 것입니다.

정서 지능이 싹을 틔우는 4~7세에는 아이가 무언가를 위해 노력하고 해내기까지의 과정을 부모가 열심히 응원해 주는 것이 큰 도움이 됩니다. 여기서 '무언가를 해낸다'는 것은, 공부를 잘하고 블록을 완성하고 상장을 받아오는 결과를 지칭하는 것만은 아닙니다. 아이가 자기감정을 조절하고 행동을 조절하는 등 미숙하고 통제가 안 되던 모습에서 자기를 조절해내는 모습을 보였을 때 아이를 충분히 응원하고 수용해 주는 상호작용을 통해서 긍정적인 자아상이 싹틉니다. 이러한 경험이 쌓여서 부모의 통제와 원칙에 반항이 아닌 수용의 태도를 갖게 되고, 수용하는 아이의 태도를 격려해 주면서 아이는 자신의 감정과 행동을 조절할 수 있다는 자기효능감의 기본을 갖추게 됩니다.

양육은 부모인 나부터 변화해야 하는 일이어서 매우 힘들지만, 그 방향과 방법은 아주 명확합니다. 일관된 반응, 신뢰를 주는 말, 진심이 담긴 다정한 눈빛을 제공하는 것입니다. 자기 자신을 스스로 발견하고 읽고 계발해 나가는 사춘기 전까지는, 아이는 부모의 눈빛에서 자기를 발견한다는 사실을 기억하세요. 4~7세의 자아존중감은 부모가 아이를 존중하는 눈빛에서, 자기효능감은 부모가 아이의 능력을 인정해 주는 말에서 싹틉니다.

자녀의 거짓말을 대하는 훈육의 실수

한 엄마가 훈육은 너무 힘들다면서, 자신의 경험을 털어놓았습니다. 어느 날 유치원을 다녀온 아이가 엄마에게 사탕을 한 움큼 건넸다고 합니다.

"오늘이 발렌타인데이잖아. 엄마 주려고 사탕을 가져왔어."

엄마를 사랑하는 마음에 사탕을 건네는 아들의 모습은 사랑스러웠지만, 용돈을 받지 않는 아이가 가져오기에는 꽤 많은 사탕이었다고 합니다.

"사탕이 많은데 어디서 났어?"

"친구가 줬어. 지민이가 사탕을 한 통 들고 와서 친구들한테 나눠 줬어."

"친구들한테 이렇게 많이씩 나눠 줬어?"

이 엄마의 마음에는 계속해서 합리적인 의심이 들었다고 합니다. 이 많은 사탕을 한 친구한테만 줬을 리가 없다는 것이었죠. 아이에게 친구 것을 '훔쳤냐면서' 다그쳤고, 결국 아이는 울음을 터뜨렸다고 합니다. 엄마는 솔직하게 말하면 혼내지 않겠다고 약속했더니 아이가 이렇게 말했다고 합니다.

"사탕을 하나 받고 나서 지민이한테 사탕이 많이 남았길래, '하나 더 줘' 했더니 하나 더 주는 거야. 그래서 '하나 더 줘' 했더니 또 주는 거야. 그렇게 계속 주니까 '나한테는 사탕을 더 주는구나' 했어. 그래서 점심시간에 지민이 사탕 바구니에서 이만큼을 더 가져왔어."

엄마는 혼내지 않겠다는 약속을 어기고 아이를 엄청나게 나무랐습니다. 거짓말을 한 데다가 친구의 것을 말도 없이 가져왔다니, '바늘 도둑이 소 도둑 된다'는 불안에서 시작해 눈물 쏙 빠지게 혼을 내서 다시는 거짓말을 안 하도록 싹을 잘라야 한다는 여러 마음이 들었습니다.

"넌 엄마한테 '거짓말'을 했어! 너 거짓말쟁이야? 게다가 '도둑질'도 했잖아!"

아이를 호되게 나무란 뒤 엄마가 불러주는 대로 반성문을 쓰게 했습니다. 그리고 다음 날 선생님께 가서 반성문을 보여 드리고 친구에게 사탕을 모두 돌려주라고 했습니다.

다음 날 풀이 죽어 집을 나선 아이가 유치원에 다녀와서는 신이 난 듯 가방을 내던지며 이렇게 말했다고 합니다.

"엄마! 선생님이 솔직하게 말해서 괜찮대. 다음부터 안 그러면 된대. 선생님은 엄마처럼 엄청 혼내지 않던대?"

뭘 어디서부터 가르쳐야 하는 건지, 이 엄마는 순간 훈육의 방향을 잃어버린 기분이 들었다고 하더군요. 만약 여러분이라면, 이러한 상황에서 아이를 어떻게 훈육할 것 같은가요?

아이를 바르게 키우고 싶고 잘 키우고 싶어 하는 부모들이 자주 보이는 모습일 수 있습니다. 아이는 누군가를 해치려는 의도는 아니었지만 분명 잘못된 행동을 했습니다. 이럴 때는 어떻게 훈육하면 좋을까요?

4~7세라는 시기의 특성을 알아야 합니다. 이때는 인지가 발달하면서 사실이 아닌 말을 사실인 것처럼 말하기 시작합니다. 흔히 '거짓말'이라고 하죠. 판타지의 표현이 많아집니다. 거짓말을 뭔가 이득을 얻으려 하는 나쁜 행동이라고만 볼 것은 아닌 이유입니다. 긍정적인 자기 표현을 위해 현실에 기반하지 않은 생각이나 판타지를 마음껏 표현하고 드러내는 시기이므로, 이런 경우라면 도덕적 잣대를 들이대기보다 아이의 욕구를 들여다보고 아이가 하고 싶은 말을 읽어내 주는 것이 필요합니다. 결국 부모와 교사의 역할은 아이의 욕구와 바람을 읽고 바른 표현의 방향을 알려 주는 것이니까요.

만약 아이가 자기가 말하는 것이 잘못되었다는 것을 알고 있다면, 생각을 한 번 더 꼬아서 표현하고 있다면 어떻게 가르쳐야 할까요? 일반적으로 인간의 도덕성은 타고난다고 봅니다. 유명한 손가락 인형 실험은 아직 인지 발달이 제대로 이루어지지 않은 생후 6~8개월 아기들도, 다른 사람을 괴롭히는 캐릭터보다 착한 캐릭터를 더 선호한다는 도덕성에 대해 확인해 주었습니다. 그렇다면 내 아이가 거짓말을 하는 것은 도덕성에 문제가 있는 것일까요?

아이가 거짓말을 하는 이유는 여러 가지입니다. 가장 흔한 이유는 잘못된 행동을 솔직하게 말하면 혼날 것 같아서이고, 때로는 자기가 원하는 것을 얻기 위해서입니다. 거짓말한 아이를 훈육해 본 부모라면 알겠지만, 아이는 자신이 거짓말을 했다는 것을 쉽게 시인하지 않습니다. 아이가 계속해서 거짓말하며 우기는 모습을 보면, 부모의 감정은 점점 더 극에 달하죠. 감정을 조절하면서 올바른 행동과 태도를 알려 주는 훈육을 시행하기란 참 어렵습니다. 아이가 실수를 저질렀을 때보다 몇 배는 더 부모의 감정을 다스려야 하죠.

여기서 부모에게 혼날까 봐 잘못한 일을 숨기고 있는 것이라면, 실수는 솔직하게 말하는 것이 더 나은 것이고, 실수하고 잘못된 행동을 하면 안 되지만 중요한 건 다시 반복하지 않는 것임을 차분하게 알려 주는 것이 좋습니다. 이유를 아이가 말하게 하고 차분하게 듣고 받아줄 필요가 있습니다. 실수는 혼날 일이 아니죠. 평소 실수를 혼냈다면, 그건 부모의 양육 방향을 점검할 문제입니다. 그러면 아이에게도 그렇게 알려 주어야 합니다.

"실수한 건 혼날 문제가 아니야. 너는 실수할 수 있어. 다만 실수를 똑같이 반복하지 않으려고 노력하면 돼. 거짓말을 한다고 실수가 없어지지는 않아."

훈육은 교육의 과정입니다. 아이에게 잘못했다는 것을 알려 주어야 합니다. 왜 잘못했는지 설명해야 합니다. 그리고 중요한 과제가 하나 더 있습니다. 아이가 '스스로' 자기의 잘못을 생각할 시간을 가져야 하고, 자기 행동을 이해해야 합니다. 여기까지가 훈육의 완성입니다.

그런데 많은 부모가 '아이가 자기 잘못을 생각하는 시간'을 가질 기회를 주지 않습니다. 훈육의 시간이 아이로 하여금 공포 감정을 느끼는 시간이 되어 버리기 때문입니다. 공포감이 들면 아이의 사고는 정지합니다. 잘못을 반성하고 되새기기보다, 무서워서 그 시간을 빨리 지나가려고만 합니다. 그렇다면 자기 잘못을 깨닫게 한다는 훈육의 목표가 완성되었을까요? 아니요, 실패입니다. 아마 아이에게는 '엄마를 화나게 하면 무섭다'는 결론이 더 크게 남을 것입니다. 그러한 일이 반복되면 '잘못된 행동을 하지 말자'가 아니라 '엄마에게 혼나지 않도록 더 몰래 하자'의 결과로 갈 수도 있습니다.

여기서 아이로 하여금 공포 반응을 일으키는 요인은 무엇이었을까요? 부모가 과도하게 화를 내는 것, 물론 포함됩니다. 그리고 하나 더 지적하고 싶습니다. 아이에게 충격을 주려고 '훔쳤다' '도둑질' '거짓말쟁이'라는 낙인을 찍는 것입니다.

이 상황에서는 '내가 원한다고 해서 남의 물건을 말없이 가져오면 안 된다'는 것과 '거짓말을 하면 안 된다'는 것을 알려 주는 것이 목표입니다. 그러면 우선은 아이가 누군가의 것을 갖고 싶었다는 욕구, 엄마에게 선물을 주고 싶었던 마음을 읽어 주어야 합니다. 다만 하고 싶은 마음이 있어도 때로는 조절해야 하고, 마음대로 가져온 물건이라면 엄마도 기쁘지 않다는 것을 설명하면 됩니다. 그러고 나서 아이 스스로 자기 행동을 판단할 기회를 주어야 합니다. 이 단계까지 가는 것이 쉽지 않지만, 적어도 아이가 이 단계로 가는 기회를 부모가 막아서는 안 됩니다.

훈육은 기본적으로 부모가 가진 도덕적 판단을 주입하는 시간이 아니라, 아이가 부모의 생각을 이해하고 자기 행동을 돌아보는 과정이 되어야 합니다. 물론 아이의 도덕적 기준도 부모 기준을 따르게 되어 있습니다. 아이는 이미 부모의 실망한 눈빛에서 자신의 잘못을 읽었습니다. 자기 행동을 조절해야 할 이유를 발견했습니다. 아이가 자기 행동이 잘못되었다는 것을 이해하면 그에 따르는 책임을 져야 한다는 것도 받아들일 수 있게 됩니다. 그때야 친구에게 사탕을 돌려주고 사과하는 것, 선생님께 잘못한 행동을 고백하는 것을 제안할 수 있습니다. 만약 아이가 스스로 자기 잘못을 이해하는 과정이 빠진다면, 이 과정은 그저 무서운 엄마의 심부름을 하는 것에서 그치게 됩니다.

훈육의 과정에서 아이 마음에 고통을 주면, '나는 나쁜 아이야' '나는 거짓말쟁이구나' '나는 도둑이구나'처럼 자기에 대한 부정적인 꼬리표를 붙이게 될 수 있습니다. 그런데 이러한 라벨링은 부모의 불안에서 나온 반응일 뿐입니다. 크게 혼내지 않으면 더 큰 문제가 생길 것 같은 불안함에 훈육이라는 이름으로 아이를 공포로 몰아넣고 무서운 꼬리표를 붙인 것입니다. 부모의 감정 조절 실패의 흔한 예입니다.

아이는 잘못을 저지를 것입니다. 실수도 합니다. 거짓말도 합니다. 그러나 아이는 잘 자라고 있습니다. 내 아이는 매뉴얼이 완벽하게 적용된 기계가 아니라, 여러 문제 상황을 학습하면서 발달하는 위대한 인간이기 때문입니다.

아이가 문제 행동을 하면, 아이의 욕구 자체는 인정해 주어야 합니다. 친구의 탐나는 것을 가져오고 싶고, 새치기해서라도 먼저 하고 싶고, 남들보다 많이 먹고 싶은 마음을 먼저 읽어 주세요. 이것을 인정해 주지 않은 상태에서 옳고 그름만 강조하고 지적하면, 아이는 자기의 욕구를 부정하게 됩니다. 그러면 이후에 자신의 마음에 어떤 욕구가 들 때 그런 마음을 가진 자신을 나쁘게 바라보게 되고, 이는 '회피성 성격'에 빠지게 할 수도 있습니다. '그때 내가 왜 그랬지?' 하는 쓸데없는 자기 검열도 많아집니다.

어떤 상황에서 적절하게 행동하려면 가치판단을 잘해야 합니다. 그런데 가치판단을 잘하려면 유연한 사고를 해야 합니다. 사고가 유연할수록 더 건강하게 판단하고, 상황에 맞게 대처하고, 자기 자신에 대한 자율성도 커집니다. 자기 내면의 힘을 믿기 때문입니다. 그러나 강요되고 주입된 규칙 아래서는 무서운 상황을 피하려고 그 행동을 합니다. 자기 자신을 믿어서가 아니라 시켜서 하는 것이므로 자율성을 기대하기 어렵습니다.

앞의 사례에서 부모가 좀 더 유연했다면, 대응 방법을 강요하지 말고 아이가 먼저 스스로 생각할 기회를 주었다면, 아이의 욕구를 인정했더라면, 라벨링하지 않았다면 하는 아쉬움이 있습니다. 그런데 우리는 모두 알고 있습니다. 누구도 완벽한 훈육을 할 수 없습니다. 부모도 사람인지라 감정이 앞설 때가 많습니다. 부모마다 내 아이에 대한 기준이 다 달라서, 기준에 모자라면 실망하고, 실망하면 감정이 나오고, 감정이 앞서면 자기 방식을 몰아붙이면서 시야가 좁아집니다. 행동 패턴도 경직되죠. 자기 자신의 폭발적인 모습, 경직된 사고를 발견하면 돌이켜야 하는데 그 순간 자기를 제어하기가 절대 쉽지 않습니다.

그래도 반복해서 연습해야 합니다. 반복하면 조금씩 유연해집니다. 부모도 그렇게 성장합니다. 양육에 한 줄 정답은 없습니다. 다만 4~7세에는 '자기'조절력을 가지고 통제가 가능한 아이로 키우는 적기의 발달 과제가 있는 만큼, '스스로' 해내는 내 아이로 키우겠다는 방향을 되새긴다면 조금 덜 흔들리는 시간이 될 것이라 생각합니다.

PART 4

습관과 몰입으로 만드는 효율적인 뇌

CHAP 10. 에너지(or 효율)를 최적화하는 정리하는 뇌

두뇌 최적화의 시작, 습관 만들기

우리가 매일 손에서 놓지 않는 스마트폰은 그야말로 우리 일상을 스마트하게 만들어 줍니다. 아침 기상 알람부터 시작해서 일정 관리, 지인과의 소통과 연락, 파일 전송 및 수신도 가능합니다. 신문 기사를 빠르게 접할 수 있고, 동영상을 시청하기도 하고, 인공지능 메신저를 통해 간단한 메시지를 전송하거나 날씨와 같은 정보를 확인하기도 합니다.

그런데 아무리 훌륭한 스마트폰이라고 해도 손쓸 수 없는 순간이 옵니다. 배터리가 방전되었을 때입니다. 배터리가 방전되면 제아무리 훌륭한 기능도 작동하지 못합니다. 우리 몸의 배터리도 마찬가지입니다. 우리 몸의 각 기관이 완벽하게 자리잡고 있다고 해도, 기관을 움직일 에너지가 없다면 뇌부터 발끝의 말초신경까지 어느 것 하나 제대로 작동하지 못합니다.

우리가 에너지를 얻는 방법은 크게 식사와 수면 두 가지입니다. 에너지를 얻는 방법이 식사와 수면이라는 두 키로 돌아가는 만큼, 우리 몸의 에너지를 제대로 관리하기 위해서도 식사와 수면의 루틴을 잘 지키는 것이 중요합니다. 인간이 세상에 태어나서 가장 먼저 식사와 수면 리듬을 잡아가고, 이 리듬이 바로 잡혀야 다른 여러 외부 자극을 받아들이고, 외부와 소통하는 과정을 통해 뇌와 신체의 발달이 균형있게 이루어집니다. 식사와 수면은 인생 전체에 있어서 건강한 신체와 정신을 유지하기 위한 필수 과제입니다.

이처럼 우리 몸의 에너지를 얻기 위해 좋은 습관을 만들어야 합니다. 4~7세는 식사와 수면 습관을 바르게 잡아 주어야 할 시기입니다. 식사와 수면을 대하는 태도가 식사와 수면의 질을 좌우하기 때문에 바른 습관이 몸에 익숙해지도록 잡아 주는 것이 필요합니다. 아이에게 이 두 가지 습관을 바르게 잡아주면 일상의 태도나 정서적 안정감, 규칙의 수용에 대한 부분을 키워 나가는 데 있어서도 큰 도움을 받게 됩니다.

습관을 만들어야 하는 두 번째 이유가 있습니다. 효율적인 뇌 활동을 위해서입니다. 우리 뇌가 쓸 수 있는 에너지는 제한되어 있습니다. 그래서 뇌는 효율적으로 일하려고 합니다. 이 책의 시작 부분에서 다루었던 것처럼 세상에 태어난 아기의 뇌는 성인의 뇌에 비해 2배가량 많은 신경세포(뉴런)와 신경망(시냅스)을 가지고 태어납니다. 그리고 아이가 살아가면서 경험하는 바에 따라 중요하다고 생각되는 부분은 더욱 강화해 가고 불필요한 부분들을 잘라내는 과정을 통해 제한된 에너지가 적정하게 배분되도록 효율적으로 정리해 나갑니다.

습관도 효율적인 뇌를 만들기 위한 하나의 방법이 됩니다. 우리가 보통 '신경이 쓰인다'라고 표현하는 일들이 있는데요. 하루 동안 해내는 수많은 활동에는 '신경을 많이 써야 하는 일'과 '신경을 적게 써도 되는 일'로 나뉩니다. '신경을 적게 써도 되는 일'에 바로 습관과 자동 사고 등이 들어갑니다.

예를 들어 저는 지금 컴퓨터 자판을 치는 작업에 크게 신경을 쓰지 않아도 됩니다. 자판의 위치 하나하나를 찾느라 애쓰지 않아도 제 뇌가 기존에 입력해 놓은 정보를 자연스럽게 꺼내 와서 '자판 치기'를 빠르게 수행해냅니다. 하지만 자판을 처음 배울 때는 꽤 '신경을 써야' 했습니다. 한글 자판, 영자 자판, 각 기능키의 위치를 빠르게 외우려고 길을 가다가도 간판이나 신문의 글자를 머릿속 자판에 치는 연습을 하기도 했죠. 이처럼 처음 수행하는 낯설고 익숙하지 않은 일에는 우리 뇌가 '신경을 쓰고' '에너지를 쏟으면서' 그 일이 익숙해지도록 만들어갑니다. 그렇게 해서 자판 치기가 숙달되면, 크게 신경 쓰지 않고도 제 뇌에서 자동 사고를 해 이 일을 해낼 수 있게 됩니다.

운전도 마찬가지입니다. 운전면허를 갓 따고 차를 몰고 도로에 나갔을 때는 온몸이 긴장됩니다. 초보 운전자는 운전하고 돌아오면 녹초가 되고는 하죠. 운전은 생각보다 다양한 기능을 요구하기 때문입니다. 사이드미러와 백미러를 통해 앞, 뒤, 옆의 차 간격을 확인해야 하고, 차선을 맞추고 이동하기 위해 손과 발의 운동 신경이 조화를 이루어 기기를 조작해야 합니다. 내가 가는 길이 맞는지 확인하기 위해 각종 표지판과 내비게이션도 분주하게 확인해야 하죠. 하지만 운전에 익숙해지면 어떤가요? 옆 사람과 대화도 하고 라디오도 듣고 노래를 따라 부를 정도로 여유가 생깁니다. 눈에 보이는 정보를 처리하는 데 익숙해지고, 자주 가던 길은 뇌에서 자동적으로 정보를 불러냅니다. 손과 발의 협응도 자연스럽게 일어납니다. 큰 에너지를 쏟지 않고도 그 일을 해내는 것입니다.

우리가 좋은 습관을 만들어야 하는 이유가 여기에 있습니다. 한정된 뇌의 가용량을 효율적으로 최적화하기 위한 바탕을 마련하는 것입니다. 매일, 주어지는 일마다, 크든 작든 모든 일에 신경 쓰고 불안정한 마음으로 대한다면, 그만큼 뇌의 에너지를 많이 소모하게 될 것입니다. 하지만 우리 뇌의 에너지 저장량에는 한계가 있기 때문에 습관과 자동 사고를 통해 에너지 소모를 줄여서 뇌의 효율적 작업이 이루어지게 하려는 것입니다.

하루동안 주어지는 일이 온통 싫은 일, 불편한 일, 하기 싫은 일이라면, 거기에 쏟는 에너지도 그만큼 많아집니다. 하기 싫은 마음을 이기고 몸을 움직여 그 일을 수행해내기까지 뇌가 분주히 작동해야 합니다. 식사와 수면은 물론이고 양치하기, 옷 갈아입기, 등원하기 등등 아이에게 매일 주어지는 일상의 여러 과정이 습관화되지 않아 매번 씨름하고 힘을 뺏긴다면, 놀이와 사회적 활동을 통해 학습되는 여러 정보를 처리해 내는 데 필요한 뇌의 에너지를 그만큼 빼앗기게 됩니다. 4~7세에 습관화되지 않은 일은 학령기에 들어가서는 더욱 가르치기 힘들어지고, 매일 반복되는 일상에 매번 스트레스를 받다 보면 정작 중요한 공부나 일에 써야 할 에너지마저 부족해질 수 있습니다.

제시간에 잠들고 일어나 일정량의 식사를 하고 세면과 일과를 수행해내는 반복되는 일들에 대해서 습관을 잘 만들어 주세요. 처음부터 잘 해내는 아이는 없고, 습관이 되기까지 아이와 다소 씨름해야 할 수 있지만, 이 과정이 부정적인 감정으로 남지 않도록 부모가 여러 방법을 고민하면서 결국은 해내야 합니다. 무수히 반복하고, 끊임없이 안내해야 합니다.

습관 만들기는 단지 내 아이의 신체 건강을 위해서뿐 아니라 뇌의 효율적인 활동을 위해서 학령기 초반까지 바르게 잡아 주어야 할 과제입니다.

습관을 만드는 핵심은 예측 가능성

중·고등학교에 다니는 아이들의 일과를 한번 살펴볼까요. 우리가 생각하는 이상적인 학생의 일과는 이러합니다.

- 정해진 시간에 기상한다. 간단한 스트레칭을 한다.
- 아침식사를 한다. 씻는다. 옷을 입는다. 등교 가방을 체크한다.

- 등교한다. 수업에 집중한다. 친구들과 관계를 맺는다.
- 하교 후 학원에 간다.
- 하원 후 집에 와서 씻는다. 저녁을 먹는다.
- 숙제를 한다. 보충 공부를 한다.
- 잠들기 전에 다음 날 가져갈 교과목과 숙제를 체크해서 가방과 교복을 챙겨 둔다.
- 제시간에 잠든다.

하루의 가장 많은 일과를 보내는 학교생활을 축소해서 담아도 이렇게 다양한 일정이 기다립니다. 소소하지만 어느 하나 빼놓기 어렵죠. 그런데 만약 아이의 취침 시간과 기상 시간이 매일 다르고, 각각의 과정에서 어느 것은 '귀찮으니까 다음에 해야지' '다른 것부터 해야지' 하면서 매번 일정이 달라진다면, 뇌는 에너지를 더 쏟아야 합니다. 예상보다 달라진 시간을 계산해야 하고, 실행 시간을 예측해야 하고, 미루거나 하지 않은 일에 관한 결과를 상상하면서 불안한 감정이 드는 것을 처리해야 하기 때문입니다.

습관, 루틴의 핵심은 '예측 가능성'입니다. 매일 반복되는 일상에 대해 뇌가 알아서 일하도록 예측 가능한 범위에서 움직이는 것입니다. 에너지를 덜 쓰게 해주는 것이죠. 그렇게 아낀 에너지를 정보 수용과 창의적 사고에 쓰도록 최적화하는 것입니다.

그런데 운전이나 컴퓨터 자판 연습과 마찬가지로, 예측 가능한 행동 패턴을 만들기까지는 꽤 오랜 시간이 필요합니다. 초등학교에 입학한다고 하루아침에 아이가 이 모든 과정을 뚝딱 해내지 못합니다. 4~7세는 자기조절력과 인지 능력이 활발하게 발달하는 시기이므로 생활 습관을 만들어 갈 적기입니다. 사춘기가 시작되는 초등학교 5~6학년 이전까지 하루 습관을 좀 더 정교하게 만들어 가고 유지하는 훈련을 지속해야 합니다.

참고로 습관의 최적기로 '사춘기 이전'이라는 제한을 둔 이유는 사춘기에는 조절 능력을 담당하는 전두엽이 리모델링을 시작하기 때문입니다. 10대가 되면 전두엽의 시냅스가 매우 분주하게 가지치기를 시작합니다. 이는 마치 정원의 나무들이 갑자기 폭풍 성장을 하면서 가지끼리 엉키고 길이 보이지 않아, 정원사가 나서서 나무를 다듬고 길을 내는 과정이라고 이해하면 됩니다. 뇌가 똑똑해지기 위해 꼭 필요한 과정입니다.

정원사가 작업하는 과정을 보면 어떤가요? 먼지가 폴폴 날리고 가지가 우수수 떨어져서 정원이 지저분해 보입니다. 마찬가지로 사춘기는 전두엽이 정교하게 기능을 다듬어가는 '과정'이어서 전두엽이 사실상 제대로 기능을 발휘하지 못합니다. 전두엽은 자기조절 능력과 뇌의 각 부위에서 수집한 정보를 통합하고 어떤 방향으로 실행할지 최종 결정하는 뇌입니다. 뇌의 가장 핵심 기능을 담당하죠. 이 중요한 부위가 공사 중이니 사춘기가 되면 오히려 자기 조절 능력이 더 약화된 모습을 보이기도 합니다. 집중하기도 어려워하고 감정 조절에도 미숙해 심하게 반항하는 모습도 보입니다.

사춘기에는 남학생과 여학생 모두에게 있어서 남성 호르몬인 테스토스테론의 분비도 급격하게 늘면서 편도체를 자극합니다. 편도체는 감정의 뇌인데, 이 부분이 계속 자극을 받다 보니 본능적인 감정들이 더 자극을 받게 되면서 감정 조절은 더욱 어려워집니다.

이러한 상황에서 어떤 습관을 새롭게 들이기란 어려울 것입니다. 그래서 학령기 이전까지 기초 습관을 잡아 주고, 사춘기 이전까지 그 습관을 유지하면서 바른 생활 습관을 들여놓지 않는다면, 사춘기의 뇌는 어그러진 일상의 루틴으로 더 많은 에너지를 불필요하게 소진하게 되고 학업과 사회적 활동에 적응하기 어려워질 것입니다.

두뇌 최적화의 지름길, 정서 지능 발달

타이어에 구멍이 나서 바람이 술술 빠지는 것처럼, 우리가 평소 알아채지 못하는 사이에 에너지를 줄줄 흘려보내는 때가 있습니다. 부정적 감정을 처리할 때입니다.

부정적인 생각과 감정을 처리하는 과정은 생각보다 더 많은 에너지를 쓰게 만듭니다. 그래서 어떤 일을 해도 집중이 안 되고, 심지어는 평소 잘 해내던 일에서도 실수가 잦아지게 됩니다. 왜일까요? 부정적인 사고는 긍정적인 사고보다 더 많은 생각의 꼬리를 만들어내기 때문입니다. 생각의 꼬리가 길어질수록 어떤 일에 집중하기는 더 어려워지겠죠.

우리의 생각은 어떤 일을 경험하는 데서 멈추지 않습니다. 그 일의 전후 과정을 떠올리고, 그 상황에 따라올 일들을 예측합니다. 그 예측의 방향에 따라서 우리의 감정은 더 좋아지거나 더 나빠지기도 합니다.

우리의 정서가 안정적일 때나 좋은 일을 경험했을 때에 따라오는 생각의 꼬리들은 그나마 짧은 편입니다. 문제는 부정적인 일을 경험했을 때, 그에 따라 감정이 안 좋아졌을 때입니다. 정서 지능이 잘 발달한 사람이라면 상황의 전후를 파악하고 무엇을 해야겠다는 자신의 행동 지침을 정한 후 그 행동을 실행하는 것으로 생각의 꼬리를 정리합니다. 부정적인 감정에 오래 머무르지 않는 것이죠. 하지만 정서 지능이 다소 불안정하다면, 상황의 전후를 여러 갈래로(주로 부정적인 측면으로) 상상하고, 그에 따라 감정은 점점 더 불안하고 나쁜 방향으로 흘러갑니다. 벌어지지 않은 일을 상상해서 자기감정을 더 다운시키는 것입니다.

예를 들어 마트에서 아이와 같은 반 친구의 엄마를 만나 눈인사를 건넸는데, 이상하게 그 엄마가 그냥 지나친 상황이라고 가정해 봅시다. 정서 지능이 잘 발달했다면, '뭐지? 무슨 일 있나? 나중에 놀이터에서 만나면 물어봐야지' 하고 지나칩니다. 그런데 정서 지능이 불안정하다면, '왜 인사를 무시하지? 우리 애랑 무슨 일 있나? 지난번에 학부모 회의 안 갔을 때 원에서 무슨 일이 있었나? 지민이 엄마한테 이상한 이야기 들었나?' 등등 벌어지지 않은 일, 확인되지 않은 사건으로 생각을 확장시킵니다. 거기서 나온 부정적 감정에 사로잡힙니다. 괜한 생각에 힘을 빼고 있는 것이죠.

뇌의 에너지가 줄줄 새는 경우가 하나 더 있습니다. 자극적인 상황을 접하고 나서 그 자극적인 감각이 뇌에서 오래 머물 때입니다. 음란물이나 폭력성이 강한 영화나 영상에 시청 연령 제한을 두는 이유입니다. 자극적인 영상이 오래도록 뇌에 남아, 다른 정보의 습득을 방해하고 더 자극적인 영상을 찾게 만들어 결국 뇌 발달에 부정적인 영향을 줄 수 있습니다.

영상을 처음 접하는 시기에도 제한을 두게 됩니다. 0~2세, 더 엄격하게는 0~3세까지 영상물 노출을 최대한 줄여 주는 것이 원칙입니다. 영상물은 시각적, 청각적 자극이 큰 만큼 아이가 쉽게 빠져듭니다. 아이가 빠져드는 모습을 보고 '집중해서 잘 보네'라고 생각할 수 있지만, 이는 집중력이 아니라 시각과 청각이 강한 자극에 수동적으로 끌려가고 있을 뿐입니다. 아무리 콘텐츠가 좋다고 해도, 아이의 뇌가 고르게 발달해야 하는 시기에 특정 자극만 강하게 받는 것은 결코 좋지 않습니다. 자극에 흥분된 신경망은 더 강한 자극을 요구하게 되는데, 이 시기에는 조절 능력도 부족해 영상을 더 보겠다고 떼를 쓰고 부정적인 행동을 끌어내는 트리거가 되기도 합니다.

만 3~4세가 되면 부모의 제한 하에 시청각 영상을 접할 수 있게 되는데요. 처음 접하는 영상인 만큼 부모는 어떤 콘텐츠를 제공할 것인지 신중하게 고민해야 합니다. 특히 조기에 영어를 노출하는 것이 좋다는 정보를 듣고 외국어 영상을 틀어 주는 경우가 많은데요.

영어 노출을 높이고 싶다고 해서 영상이 과도하게 화려하고, 속도가 너무나 빠르고, 영상 노출 시간이 길어진다면 부모의 바람과 달리 아이는 학습의 효과보다 영상의 화려한 자극에 끌려 갈 수 있습니다. 그래서 아이를 영상에 노출시킬 경우, 내용의 질과 전달 속도, 영상의 길이를 모두 고려해야 하고, 적정 음량이어야 하며, 무엇보다 미디어 노출의 적정 시간을 준수해서 제공해야 합니다.

아이가 원한다고 해서, 콘텐츠가 좋으니 괜찮을 것이라고 생각해서 미디어 노출 시간을 제한하지 않는다면 영상을 보고 있지 않을 때도 영상의 자극을 떠올리는 데 에너지를 쏟거나, 밖으로 나가 놀아야 할 아이의 건강한 욕구가 영상물을 시청하고 싶은 욕구로 변질될 수 있습니다. 특히 영상을 처음 접하는 초기일수록 부모가 시청 시간을 정해놓고 제한해야 합니다. 신체와 지능 발달에 골고루 쓰여야 할 에너지가 한쪽으로 치우치면, 아이의 적기 발달에 방해가 될 수 있습니다. 부모가 일관되게 반응하면, 아이도 결국 따르게 됩니다.

때로는 부모의 불안이 아이에게 전달되기도 합니다. 아이와 외출할 때마다 부모가 위험한 것을 일체 차단하고, 낯선 것을 시도하려는 아이를 매번 제지한다면 아이는 부모가 보는 것처럼 세상을 불안하게 보게 됩니다. 이렇게 아이 뇌의 왜곡된 흐름이 생겨도 유치원까지는 큰 문제로 느껴지지 않을 겁니다. 그러다 초등학교 입학 시기가 되어서 심각한 문제로 나타나는 경우가 많습니다. '엄마는 밖에 나가면 늘 뭔가 위험하다고 했는데, 나 혼자 학교에 갔는데 뭔가 위험한 일이 생기면 어떻게 하지?' 하면서 아이가 부모와 떨어지지 않으려고 하는 모습을 보이는 것입니다. 아이 입장에서는 어려서부터 받은 피드백대로 반응하고 있을 뿐입니다.

자녀가 유치원이나 학교라는 공간을 크고 무섭게 여긴다면, 평소에 자주 그 주변을 산책하고 때로는 유치원이나 학교 내의 놀이터와 시설을 살펴보는 것도 좋습니다. 하교하는 형·누나, 언니·오빠를 보면서 '멋지다'는 생각이 드는 관찰 경험도 도움이 됩니다 '학교 가야 할 때가 되었으니 학교에 가야지!'가 아니라, 입학이라는 크고 낯선 경험의 자극을 사전에 작고 소소하게 쪼개어 미리 경험하도록 제공해 주면서 경계심을 낮추는 것입니다.

남자아이들은 4~7세에 세상에 대한 호기심으로 다소 위험해 보이는 행동을 하면서 놀다가 다치는 경우가 많습니다. 이때 부모가 아이의 호기심을 아예 차단하는 것도 문제지만, 문제가 벌어졌을 때 아이의 호기심어린 행동 자체를 비난하거나 지적하면 아이는 자기 행동에 위축됩니다.

"계단으로 올라가는 것보다 미끄럼틀을 거꾸로 올라갔다 내려오면 재밌지? 그런데 오늘처럼 아래로 내려오는 친구랑 부딪히면 다치니까 앞으로는 거꾸로 가지 말자. 대신 뭔가 매달리고 싶으면 철봉에 도전해 보자! 넌 팔 힘이 세니까 잘할 것 같아. 그건 형아들만 하는 건데 도현이가 할 수 있으려나 모르겠네~"

이렇게 호기심의 반응을 받아 주되 좀 더 안전한 행동 지침으로 살짝 우회해서 알려 주는 정도가 좋습니다. 아이들이 놀다가 넘어지거나 다칠 수 있다는 것도 부모가 수용했으면 합니다. 조금만 다쳐도 큰일이 난 것처럼 부모가 불안해하면, 아이도 별일 아닌 일을 불안하게 해석합니다. 일상에서 일어나는 수많은 변수를 받아들이지 못하는 것입니다.

아이의 불안 정도가 높으면 자기의 행동을 저지당하거나, 지적받았을 때 자기 안에 드는 불안과 부정적 감정을 해소하려고 더 크게 소리를 지르거나 저지레를 합니다. 불안한 감정을 적절하게 소화시키지 못하는 것입니다. 하지만 불안이 높은 아이라고 해서, 불안 표현이 심하다고 해서 가르쳐야 하는 것, 적응해야 하는 것, 지적하고 바르게 안내해야 하는 것을 모르는 척 넘어가거나 아예 그런 기회를 차단하는 것은 결코 아이 발달에 도움이 되지 않습니다. 앞서 입학을 준비하는 예에서 다룬 것처럼, 평소 불안을 자극하는 요소가 있다면 소화할 수 있을 정도의 강도와 단계로 잘게 쪼개어서 불안 강도가 낮은 것부터 제공해 주는 방법을 사용해야 합니다. 아이가 부정적인 감정을 보이더라도 지켜야 하는 것, 해내야 하는 것에 대해서는 부모가 의연하고 일관되게 지침을 고수해야 합니다. 결국은 불안을 피하는 법이 아니라, 그 불안을 겪어내어 다음의 단계를 수행해낼 수 있게 만드는 것이 목표입니다.

'부정적 감정이든 긍정적 감정이든, 마음에서 일어나는 일인데 그게 뭐 다른 일에 영향을 미칠까?'

이렇게 생각한다면 아침에 부부싸움을 하고 나왔을 때와 기분 좋게 인사하고 나왔을 때 하루 생활의 차이를 떠올려 보세요. 감정이 상한 날에는 일하는 데 필요한 활력이 확연하게 줄었을 것입니다. 잠들기 전에도 마찬가지입니다. 감정은 무의식을 건드려서, 자기 전에 부정적인 생각이나 경험을 하면 꿈속에서도 불편한 상황이 나올 때가 많습니다.

중요한 것은, 우리 일상이 늘 행복하지만은 않다는 데 있습니다. 우리가 만나는 사람들이 모두 좋은 사람이고, 매일의 삶에 아무 문제가 없을 리가 없습니다. 출근길은 늘 고되고, 어디선가 이상한 상황은 자주 마주하게 되고, 잠깐 들여다본 스마트폰에는 부정적인 뉴스가 메인을 장식하고, 가족은 내 마음만큼 따라주지 않습니다. 이게 현실입니다. 우리의 목표는 완벽한 세상에서 살아가는 것이 아니라, 주어진 세상을 잘 해석하고 다루면서 살아가는 것입니다. 길게 이어지는 부정적 생각의 꼬리를 짧게 끊어내는 훈련을 해내는 것입니다.

우리 자녀도 마찬가지입니다. 아이는 커가며 여러 상황을 만날 것이고, 다양한 친구들을 사귈 것이고, 좋은 일과 나쁜 일을 두루 경험할 것입니다. 그 속에서 수많은 감정이 솟을 것입니다. 여기서 중요한 것은, 부모의 역할이 위험을 피하는 방법을 제시하는 것이 아니라, 여러 상황에서 자신의 감정을 다루는 능력인 정서 지능을 키우도록 안내하는 데 있다는 것입니다. 정서 지능이 어느 방향으로 흘러가느냐에 따라 뇌의 에너지를 어떻게 최적화할 것인가가 정해집니다.

4~7세의 아이는 낯선 세상을 탐구하면서 수많은 새로운 자극을 해석하고 처리하는 중입니다. 여기에 더 많은 에너지를 쏟도록 해 주어야 합니다. 이 시기에는 아이의 욕구를 최대한 받아 주고 따라가 주는 것, 아이가 원하는 활동을 충분히 할 기회를 주는 것이 두뇌를 최적화하는 지름길입니다. 그러기 위해 부모의 통제와 안내가 감정적이고 부정적이지 않도록 자제하는 것이 필요합니다. 4~7세의 아이가 정서 지능 발달이라는 과업을 해내는 데 있어서 가장 중요한 열쇠는 부모의 생각 습관과 양육 태도입니다. 아이는 부모를 모델로 삼아 자랍니다.

자기주도성, 자기조절력, 자율성, 무엇이 먼저일까?

4~7세의 자녀에게 무언가를 알려준다는 것은 참 쉽지 않습니다. 자기중심적인 시기이기 때문에 부모가 바라는 만큼의 이해력과 배려, 성숙함은 아직 멀어 보입니다. 더군다나 습관을 만들려면 여러 번 반복해서 알려 주고 실패해도 다시 알려 주는 과정을 반복해야 하는데, 이 과정을 어떻게 하면 보다 쉽고 안정적으로 해낼 수 있을까요?

'내가! 내가!' 하는 자기주도적인 아이, '내 마음대로 할 거야!'하는 자기중심적인 아이에게 무언가를 알려 주기 위해서는 일정 부분 아이를 제어할 수밖에 없습니다. 그런데 아이의 욕구와 감정은 받아 주라고 합니다. 제어하면서 욕구를 받아 주라니, 대체 어떻게 하라는 것인지 어렵다는 부모들이 많습니다. 자기 욕구를 잘 알고 스스로 당차게 나서는 자기주도성을 키우는 것과, 정해진 생활 규칙을 스스로 잘 지키고 해내는 자율성을 키우는 문제 중 무엇을 먼저 다루어야 하는 건지 고민이 됩니다. '달걀이 먼저일까, 닭이 먼저일까?'와 같은 질문처럼 느껴지기도 하죠.

그런데 뇌 발달의 측면에서 본다면 자율성을 먼저 발달시킬 수는 없습니다. 자율을 한자어로 보면 自(스스로 자)와 律(계율 율), 즉 스스로 계율을 지키는 것을 말합니다. 생활의 규칙, 모임의 규칙은 4~7세의 아이가 스스로 이해하고 지키기 어렵습니다. 부모에 의해 적절한 통제가 제시되어야 하고, 그 통제에 따를 만큼 아이의 조절 능력이 자라야 아이가 자기 행동을 스스로 통제할 수 있게 됩니다.

그런데 그 조절 능력을 키우는 데 도움이 되는 것이 바로 신체 놀이입니다. 정리하자면, 조절 능력의 기본 틀은 이 두 가지로 형성됩니다.

- 왕성한 신체 활동: 에너지 발산
- 부모와 함께하는 시간: 긍정적 정서 충족, 관계 강화

신체 놀이는 자기가 원하는 것을 알고 스스로 해 보려는 시도, 자기주도성에서 시작됩니다. 이렇게 자기가 원하는 것을 해 보는 경험, 에너지를 충분히 발산하는 경험이 많을수록 욕구가 해소되면서 이성적인 뇌(통제하는 뇌)에도 정보를 전달하고, 공유하면서 뇌는 발달하게 됩니다. 자기주도성으로 시작해 뛰놀고 원하는 것을 얻는 경험,

또한 조절 능력을 키우게 되는 것입니다.

놀이의 과정에서 부모는 반드시 아이에게 안전한 기준과 범위를 제한하게 됩니다. 여기를 넘어가서는 안 된다는 것, 놀이기구를 정해진 방식 외에 위험하게 오르거나 다루어서는 안 된다는 것 등등 위험과 상처를 줄 수 있는 상황으로부터 예방하기 위한 최소한의 제한입니다. 아이는 자연스럽게 부모가 제시해 준 범위 내에서 활동해야 한다는 것을 알고, 규칙과 규율을 배우면서 조절 능력을 키웁니다.

아이의 안전을 위한 최소한의 규칙에 대해서는 그것을 어기면 단호하게 훈육하는 것이 맞습니다. 훈육도 일종의 규율입니다. 약속을 어겼을 때 자신이 사랑하는 부모로부터 문제를 지적받으면서 아이는 규칙을 지켜야 한다는 것을 배워 갑니다. 약속을 잘 지키면 원하는 것을 계속할 수 있지만 지키지 못하면 원하는 것을 빼앗길 수 있다는 것을 몸으로 겪게 하는 보상체계도 규율을 알려 주는 데 도움이 됩니다. 예를 들어 규칙을 잘 지키면 내일도 놀이터에 오겠지만, 규칙을 어기면 내일은 놀이터에 나오지 않기로 하는 것이죠. 규칙을 어기면 좋아하는 기회를 빼앗길 수 있다는 것을 배우게 됩니다. 반대로 규칙을 지키고 잘 놀면 내일은 아빠가 요구르트를 사 와서 친구들과 나눠 먹을 수 있게 해주겠다는 보상을 제안할 수도 있습니다. 이렇게 보상체계를 통해 아이가 규칙을 지켰을 때와 어겼을 때의 결과를 느끼게 하는 것도 훈육의 과정입니다.

아이가 원하는 놀이를 선택하는 자기주도성을 키우는 과정에서 규칙을 지킬 수 있는 조절력도 생깁니다. 다만 원하는 놀이를 선택하는 주도성과 규칙을 지켜야 하는 조절력 사이를 보다 부드럽게 연결해 주는 다리가 필요합니다. 바로 부모와의 친밀감입니다.

아이가 자랄수록 부모가 자녀에게 요구하는 제한과 통제의 범위는 늘어날 것입니다. 안전을 넘어서 바른 습관을 만들어 주기 위해서도 부모가 아이에게 요구하는 범위와 질이 달라지죠. 그런데 습관을 들이기 전에 해 놓아야 할 과제가 있습니다. 놀이 과정을 통해 아이와 상호작용을 쌓는 것입니다. 부모와 함께하는 시간이 많은 아이일수록 아이는 부모 말에 더 귀 기울이고 부모의 제안을 더 잘 수용하게 됩니다. 왜일까요?

관계가 좋아져서입니다. 좋아하는 사람의 말이어서 그렇습니다. 좋은 관계에 있어야 규칙과 통제를 수용합니다. 만약 관계가 충분히 밀접하지 않은데 통제가 제시된다면, 수용하기 어렵습니다. 부모의 말이 귀에 잘 들리지도 않고 관심도 없습니다. 가장 나쁜 형태입니다. 오히려 반발심, 반항심, 좌절감이 자랍니다.

자녀의 조절력을 바른 방향으로 안내하기 위해서는 부모의 적정한 통제가 반드시 필요합니다. 그러려면 부모의 말에 권위가 있어야 합니다. 부모의 말에 권위를 세우는 가장 좋은 방법이 무엇일까요? 좋은 관계입니다. 이는 비단 4~7세뿐 아니라 사춘기 이후까지도 적용되는 룰입니다.

무서운 부모, 통제적 부모에게 권위가 있다고 생각할 수 있지만 착각입니다. 학창 시절, 학교에는 꼭 '호랑이 선생님'이 한 분씩은 있었습니다. 그 선생님의 과도한 지적과 지침에 진심으로 존중하고 따랐나요? 따르는 '척'을 합니다. 선생님이 눈앞에 보이지 않으면 마음대로 합니다. 반대로 좋아했던 선생님이 있다면요? 선생님의 제안뿐 아니라 시키지 않아도 그 과목에 관심을 쏟습니다. 수업 시간에도 선생님의 말씀이 귀에 쏙쏙 들립니다.

부모의 권위도 그렇습니다. 아이의 놀이 과정에 부모가 적극 참여하고 적절하게 개입하라고 권하는 이유입니다. 정서 관계가 쌓이면 이러한 통제들이 먹히기 시작합니다. 아이는 관계가 쌓이는 만큼 규칙을 내면화합니다. 부모와 계속 놀고 싶은 마음에 그 규칙을 참고 따르면서, 나중에 내면화되는 것이죠.

다만 만만한 부모가 되라는 것은 아닙니다. 아이가 조른다고 규칙이 매번 바뀌거나, 기준이나 지침 없이 아이의 마음을 다 받아 주는 것을 우선순위에 두는 만만한 부모는 아이와 가까워지기도 어렵고 아이를 안전하게 지키기도 어렵습니다. 권위가 없는 부모의 또 다른 모습입니다.

"이거는 위험하니까 안 되겠지? 대신 이렇게 해보자!"

"그렇게 하면 너무 과한데? 그건 앉아서 해보자."

"그렇지, 잘했어!"

부모와의 상호작용을 통해 규칙과 제한을 자연스럽게 체득한 아이는 규칙과 제한의 필요성도 이해할 수 있게 됩니다. 사회에서 더 인정받기 위해서도 그러한 규칙을 잘 지키는 것이 좋다는 것을 인지하게 되고, 이러한 인정과 긍정적 피드백을 통해 자기 자신에 대한 만족감이 쌓입니다. 그 과정에서 스스로 규칙을 지켜내는 자율성이 자랍니다.

'나는 꽤 괜찮은 학생이구나.'

'나는 약속을 잘 지키지.'

이러한 긍정적 자아상에서 비롯된 자율성은 차후 학습 과제를 잘 수행할 수 있는 동기 부여가 되기도 합니다.

그러려면 정해진 규칙을 지켜야 합니다. 부모도 지키고 아이도 지키게 해야 합니다. 지키지 않겠다고 떼를 쓴다면 과감하게 그 자리를 벗어나거나 반응하지 않아야 합니다. 규칙을 지키지 않으면 함께 어울리기 어렵다는 것을 보여 주는 것입니다. 혼내거나 화낼 필요는 없습니다.

"이렇게 하기 싫어? 그러면 아빠는 같이 못해."

"남들한테 피해를 줄 수 있는데도 그렇게 하겠다는 거야? 그러면 집에 들어가자."

화를 내고 혼을 내는 것이 아니라, 차분하고 의연하게 전달하면 됩니다.

무언가를 알려 주고 지키게 하는 조절 능력을 키우게 하는 것, 자기에 대한 긍정적이고 자신감 있는 시선을 갖게 하는 것, 약속을 지키고 나아가 주어진 학습 과제를 해낼 수 있는 동기를 주는 것, 이것의 시작은 부모와 아이의 충분한 정서 교류에 있습니다. 그 충분한 정서 교류는 바로 몸을 부딪치며 노는 신체 활동에서 만들어집니다. 4~7세 자녀와 함께 밖으로 나가야 하는 이유입니다.

습관 만들기의 시작, 취침 시간 정하기

4~7세에 만들 수 있는 습관은 쉽고 간단합니다. 하지만 아이가 스스로 만들기 어렵습니다. 습관을 만드는 시작인 만큼 부모가 코디네이션해 주어야 하는 시기입니다.

습관을 만드는 데 가장 좋은 베이스는 일정한 취침 시간과 일정한 기상 시간입니다. 수면과 기상 시간만 동일해도, 아이의 뇌는 루틴에 적응할 준비가 되었다고 볼 수 있습니다. 이는 0~3세의 수면, 식사 주기부터 만들어지는 부분이기도 합니다. 아이가 100일 후부터는 4~5시간의 통잠을 자기 시작하는데, 마지막 젖을 먹이고 통잠을 재우는 시간을 일정하게 맞춰 주기만 해도 아이의 하루 수면 패턴, 젖 먹는 패턴이 일정해집니다. 그리고 이러한 패턴은 아주 꾸준히 이어집니다. 만약 아이가 태어나서 2~3년 동안 기상, 취침 시간이 일정하지 않았다면, 그 이후에 수면 시간을 잡는 과정에서 아이와 씨름하게 됩니다. 아이의 뇌가 일정한 루틴에 적응하기 어려워하기 때문입니다.

0~3세에 취침 시간이 일정하지 않았다면 4~7세는 자기조절력을 키울 마지막 적기입니다. 부모의 말을 아이가 듣고 이해할 만큼 인

지 능력도 발달했습니다. 그래서 4~7세부터는 다른 무엇보다 취침 시간부터 정해놓고 지키기가 중요합니다. 좋은 습관은 예측 가능한 하루 루틴에서 시작되고, 예측 가능한 하루의 시작은 취침 시간에서 만들어진다는 것을 기억해야 합니다.

4~5세라면 저녁 9시나 9시 반에는 잠자리에 들어야 합니다. 그러려면 30분 전부터 보통 다음과 같은 베드타임 루틴을 시작합니다.

- 놀잇감 정리하기
- 양치하기
- 잠옷 갈아입기
- 동화책 읽기

아이가 5~6세 정도 되면 '다음 날 입고 갈 옷 꺼내놓기', '유치원 가방 챙겨놓기' 등등을 추가할 수도 있습니다.

"수면 시간이 중요하면 그냥 시간 맞춰 재우면 되지 왜 굳이 루틴을 만드는 건가요?"

아이의 습관을 만들어 가는 과정에서 부모가 꼭 이해해야 할 부분이 있습니다. 습관 만들기는 아이에게 괴로운 과정이라는 것입니다.

예를 들어 이를 닦는 것은 생각보다 불편한 과정입니다. 까끌한 칫솔이 잇몸에 닿는 느낌이 싫을 수 있고, 그것이 여러 번 치아와 잇몸을 지나니 아프기도 합니다. 치약이 맵기도 합니다. 아이에게 어떤 습관을 들이고, 스스로 그것을 해내게 하는 과정이 고통이라는 것을 인정해야 관계를 해치지 않고 해낼 수 있습니다.

그런 이해에서 비롯된 것이 자극의 단계를 쪼개는 것입니다. 이를 닦는 것이 아이에게 어렵다는 것을 공감하면, '이 닦기'라는 큰 자극을 작은 자극으로 나누어서 조금씩 오르게 할 수 있습니다. 그래서 유아기에는 고무나 소프트한 티슈로 이를 닦아 주면서 이 닦는 경험을 부드럽게 시작하고, 3~4세부터는 칫솔이나 치약을 구매할 때 아이가 평소 좋아하는 캐릭터가 있거나 아이가 좋아하는 치약 맛을 선택하게 합니다.

아이가 칫솔질을 배우는 초반에는 미숙해서 아이가 하고 나서 부모가 한 번 더 도와주는 과정이 따릅니다. 그러나 부모가 도와주고 나서도 아이가 잘하고 있다는 응원과 격려가 따라야 합니다. 아이가 양치할 때마다 아프다고 징징거리고 미루려고 하면 부모도 잘 참다가 감정적으로 반응하게 될 수 있습니다. 하지만 양치질이 쉬운 일이 아니라는 것, 아프고 매운 과정을 아이가 견디고 있음을 떠올린다면 부모도 마음을 가라앉히고 다시 한번 잘 다독여 줄 힘을 얻을 것입니다.

습관은 귀찮고, 가끔은 고통스러운 과정을 이기는 것이므로 보상을 통해 아이로 하여금 긍정 경험을 연계해 주면 좋습니다. '보상'이라고 하면 사탕이나 과자, TV 시청과 같은 것을 연상하는 경우가 많은데, 가장 강력하고 좋은 보상은 부모의 피드백입니다. 칭찬과 잘했다는 격려죠.

"양치질하는 게 참 어려운 일이야. 그치? 근데 참 잘했어!"(아이를 안아 주면서)

"어제보다 이가 더 깨끗해졌네! 그새 양치질이 더 늘었는데?"(아이에게 환하게 웃어 주면서)

이러한 말과 함께 응원하는 눈빛과 부드러운 스킨십이면 아이의 정서가 차오릅니다.

베드타임 루틴도 마찬가지입니다. 아이 입장에서는 잠자리에 드는 것이 지루하고 재미없고 더 놀고 싶은 마음을 억눌러야 하니 심지어 고통스럽기까지 합니다. 그래서 잠자리에 들 결심을 하기까지 시간이 꽤 걸립니다.

잠자기라는 목표로 향하는 단계를 여러 개로 쪼개 놓은 것이 베드타임 루틴입니다. 아이에게 베드타임 루틴을 제안하기 전에 집안의 분위기를 먼저 바꾸는 것도 좋습니다. 저녁 식사 후부터는 집안 조명을 백열등에서 조도가 낮은 등으로 바꾸거나, 일부 전등은 꺼서 곧 취침 시간이니 잘 준비를 하자는 메시지를 암묵적으로 줄 수 있습니다. 저녁에 TV를 시청한다면 취침 시간 한 시간 전부터는 TV 끄기를 추천합니다. 그러고 나서 아이에게 장난감을 치우고 양치를 하고 잠옷을 입고 동화책을 읽는 등의 본격적인 베드타임 루틴으로 안내하면, 아이는 미리 수면 시간이 다가온다는 사인을 받고 있었기 때문에 보다 적응하기 쉬워집니다.

아이가 일상의 루틴, 습관을 긍정적으로 받아들이게 하는 가장 좋은 방법은 아이가 해야 할 습관을 가족문화로 만드는 것입니다. 부모가 함께 그 과정에 참여하면 됩니다. 우리 부모들이 보통 밖에 나갔다 와서 손 씻기를 하는 것, 아이와 나란히 서서 양치하는 것은 쉽게 해냅니다. 식사 시간을 함께 갖고 맛있게 식사를 하고 건강한 대화를 나누는 모습을 보여 주는 것도 잘 해냅니다. 그런데 수면은 어떤가요? 수면은 매우 중요하고, 중요한 만큼 루틴을 만들어서 잘 해내야 한다고 아이에게 가르쳐 주는 시간입니다. 그런데 혹시 '너는 지금 자야 해, 엄마아빠는 빼고' 이런 식의 메시지를 전달하고 있지는 않나요?

아이가 순응적이어서 부모가 깨어 있어도 베드타임 루틴에 익숙하고 혼자 잠자리에 잘 든다면 다행입니다. 하지만 많은 아이가 부모는 아직도 깨어서 TV를 보고 즐거운 시간을 보내는 것 같은데 자기에게만 자라고 강요하면 불만을 갖습니다. 잠자기 싫고 부모랑 함께하고 싶은 것이죠. 억울하다고 생각하기도 합니다.

그래서 아이의 수면 시간에 맞춰서 가족 문화를 조정할 필요가 있습니다. 적어도 아이가 수면 시간을 완전히 루틴화할 때까지만이라도 말입니다. 아이가 취침에 들 시간이 되면, 당분간이라도 온 가족이 잠자리에 들어야 합니다. 함께 지키는 규칙이 혼자 지켜야 하는 규칙보다 더 받아들이기 쉽습니다. 습관에는 보상을 곁들이면 수월한데, 베드타임 루틴에서의 보상은 가족이 함께 참여한다는 것과 잠들기 전 동화책을 읽어 주는 것이 될 것입니다.

특별히 하나 더 붙이자면, 저희 가족이 지켰던 룰입니다. 지금은 두 자녀가 모두 대학생이 되어 자율성을 주었지만, 고등학생 때까지는 스마트폰을 끄고 잠자리에 들어야 했습니다. 이를 위해 거실에 휴대폰을 올려두고 각자의 방으로 들어갔죠. 자녀들이 어려서부터 지켜온 규칙이고, 저희 부부도 솔선했기에 아이들도 따랐습니다. 사춘기가 되어서 아이가 반론을 제기하기도 했지만, 가족의 규칙이기 때문에 자기만 예외를 둘 수 없다는 것을 이내 수용했습니다.

아이들이 스마트기기를 접하면 이것을 손에서 놓기 어려워합니다. 학령기가 되면 잠들기 전까지 불필요한 검색, 영상, 친구들과의 채팅으로 시간을 보냅니다. 사실 이 모습은 어른들도 마찬가지일 것입니다. 그런데 만약 부모는 잠들기 전까지 휴대폰을 보면서, 아이에게만 취침시 스마트폰 금지령을 내린다면 어떠할까요? 자녀가 초등학생이라면 짜증을 내는 정도의 반응이겠지만, 중·고등학생만 되어도 부모자녀의 관계가 어려워질 만큼 불만이 커질 수 있습니다. 스스로 무언가를 하고 싶은 욕구가 엄청나게 올라온 사춘기 자녀에게 규칙이라고 해놓고 자기만 지키라고 강요하는 느낌을 받기 때문입니다.

여기서 전하려는 메시지는 어려운 규칙일수록 가족이 함께 지키는 모습을 보여야 한다는 것입니다. 규칙을 지키는 것, 습관을 만드는 것은 아이에게 힘든 일이지만, 가족이 함께한다면 그것을 수용하기가 쉬워집니다. 부모를 모델링 삼아 자라는 자녀들이기도 하고, 혼자서 지킬 때보다 불만이 덜 생기기 때문입니다.

베드타임 루틴이 자리잡힌다면 유치원에 다녀온 이후의 일상 루틴도 정리해 보세요.

- 하원 후 놀이터에서 1시간 동안 뛰어 논다. (비가 오는 날, 미세먼지가 심한 날은 예외)
- 집에 돌아오면 비누로 손을 깨끗이 씻는다.
- 실내복으로 옷을 갈아입는다.
- 간단하게 간식을 먹으면서 유치원에서 있었던 이야기를 나눈다.
- 유치원에서 전달받은 숙제나 그날 해야 할 일이 있다면 해 놓는다.
- 엄마아빠가 저녁 식사를 준비하는 동안 책과 블록과 같은 놀잇감을 선택해서 정해진 시간까지 노는 시간을 갖는다.

이렇게 간단하게나마 일정한 루틴을 정하면, 아이는 하루 생활의 리듬을 차츰 느끼게 됩니다. 이 시간에 익숙해지면 아침 등원 전 루틴도 추가할 수 있습니다. 아침 루틴을 정하는 데 있어서 부모가 새겨야 할 것은 이것입니다.

'조급해하지 않기.'

0~3세까지는 부모가 아이의 일과를 일일이 도와주어야 했다면, 4~7세는 아이 스스로 하는 부분이 많아집니다. 아침 식사, 양치, 세

수, 옷 갈아입기, 단추 잠그기, 신발 신기와 같은 것들이 그렇습니다. 어른이 보기에는 간단한 일들이지만, 아이는 태어나 처음으로 수행하고 있는 낯선 과제이므로 당연히 미숙합니다. 그래서 '아이가 빨리, 잘하지 못하는 것이 당연하다'를 받아들여야 합니다. 그래서 이 부분의 조력은 '기술적인 어시스트'가 아니라 아이와 관계를 맺는 과정으로 접근하는 것이 좋습니다.

아침 출근 시간, 등원 준비 시간은 참 빨리 가는 만큼, 아이의 미숙함을 여유 있게 받아 주기가 어렵죠. 그렇다고 부모가 다 해주는 것도 도움이 되지 않습니다. 식사, 양치, 세수, 옷 갈아입기, 단추 잠그기, 가방 챙기기, 신발 신기의 과정에서 부모가 평생 따라다니면서 해 줄 수 있는 것은 없으니까요. 결국 아이가 수행해야 하는 과제입니다. 다만 미숙하고, 가끔은 부모의 손길이 필요하고, 더디고, 원하는 만큼 빠르게 이루어지지 않는다는 전제 하에 루틴을 정리하고 부모 마음도 단단히 다져 놔야 합니다. 그러려면 기상 시간부터 일정해야겠죠.

자녀가 커가면서 습관을 만들어야 하는 일상의 여러 모습에서 이러한 갈등이 생길 수 있습니다. 자녀가 학령기가 되면서부터 숙제하기, 공부하기, TV 시청 줄이기로 참 많이 씨름하게 됩니다. 이때 아이가 바꾸어 주었으면 하는 모습대로 부모가 먼저 실행해 주세요. 그러면 아이는 하고 싶은 욕구를 충족하지 못할 수 있다는 것, 좋아하는 것만 하면서 살 수 없음을 무의식중에 배우게 됩니다.

결국 습관은 하기 싫은 것도 해야 한다는 것을 수용하는 과정, 미숙한 것을 능숙하게 해나가는 과정입니다. 그래서 습관을 들이는 초기에는 보상이 따라야 합니다. 흔히 말하는 '몸이 기억할' 정도가 되면, 보상이 따르지 않아도 스스로 그 습관의 장점을 이해하고 자연스럽게 따르게 될 것입니다.

좋은 모델링의 황금시간, 식사

식사 시간은 좋은 식습관과 태도를 모델링해 주고, 가족 간의 유대감과 정서 교류를 돈독히 할 수 있는 시간입니다. 가족 규칙을 함께 지키는 모습을 보여 주는 훈련의 장이고, 예절과 배려를 알려 주는 기회도 됩니다. 자기조절력이 자라기 시작하는 4~7세에는 식사 예절을 배우기에도 적기입니다.

식사 예절을 배우는 데 있어서 가장 어려워하는 부분부터 다루고자 합니다. 바로 외식입니다. 평소 식사 시간에 휴대폰 영상을 보여 주지 않던 부모도 식당에 가면 어쩔 수 없이 영상을 보여 주는 경우가 참 많습니다. 그래야 아이가 가만히 앉아 있고, 다른 사람에게 피해를 주지 않는다는 이유입니다.

이 부분에 대해서는 부모가 단단히 각오해야 합니다. 아이가 커서 혼자서 돌아다닐 수 있는 4~7세가 되면 더욱 고민이 될 것입니다. 그래서 식당에 데려가도 될 만큼 내 아이의 조절 능력이 발달했는지, 어떤 식당으로 갈 것인지를 고려해야 합니다. '아이의 조절 능력의 정도'에 맞추는 것이 핵심입니다. 여러 사람이 모이는 장소에 가면 가만히 있지 못하고 소리를 지르는 자녀를 식당에 데리고 가는 것은, 냉정하게 볼 때 아직 팔도 안 닿고 근육도 없는 아이에게 구름다리를 건너라고 하는 것과 같다고 봅니다.

아직 아이가 전혀 제어되지 않는 수준인데, 아이가 떠든다고 그저 아이를 혼내고 나무란다면, 아이가 할 수 없는 일을 무리해서 해내라고 강요하는 것입니다.

심지어 식당에 데려가서 아이를 내버려두는 부모도 있습니다. 아이가 돌아다니거나 뛰거나 장난을 치는 것은 다른 사람에게 피해를 주기도 하지만 아이에게도 매우 위험합니다. 부모가 제재할 수 없으면서 아이를 식당에 데려가고, 아이의 행동을 내버려두는 것은 방치와 같습니다.

내 아이의 조절 능력과 기질을 고려하세요. 아이의 조절 능력이 부족하거나 아이가 충동적, 과잉행동 기질이어서 가만히 있지 못한다면, 외부 식당에 데려가는 것 자체를 다시 생각해 봐야 합니다. 식사는 예절을 배우는 시간인데, 외식 자체가 아이에게 불편함을 제공한다면 그 시간은 아이가 무언가를 배울 수 있는 여건이 되지 않습니다. 자기 조절 연습을 받아들일 능력이 전혀 되지 않는 상황이기 때문입니다.

장소를 고려해야 합니다. 외식 장소가 별도로 분리되어 있어 아이가 다소 부산한 모습을 보여도 타인에게 방해가 덜 되고, 간단한 놀잇감을 챙겨갔을 때 아이가 어느 정도 그 공간의 제약을 수용할 수 있다면 괜찮겠지요. 하지만 오픈된 장소에서, 게다가 직원이 뜨거운 음식을 들고 왔다 갔다 하거나 가스불을 켜야 하는 등 아이의 행동을 제약할 사항이 많고, 타인에게 과도하게 불편함을 줄 수 있는 식당이라면 피해야 합니다. 게다가 아이가 가만히 앉아 있지 못하고 신기한 것을 보러 움직이거나 소리를 지르는데 부모가 그런 아이를 통제하지 못한다면, 이러한 곳에 자녀를 데려가는 것이 맞는지 고려해 보아야 합니다.

식당의 분위기가 조용하고 너무 클래식한 분위기의 장소에 데려가는 것도 무리일 수 있습니다. 아이가 어릴수록 소리내지 않고 가만히 있는 것을 감당하기가 어려울 것입니다. 타인에게 피해를 주어서도 안 되지만, 아이에게도, 다른 가족들에게도 식사 시간은 불편한 것이라고 느끼게 할 수 있습니다.

식사 시간도 고려해야 합니다. 식사 예정시간이 40분인지, 1시간인지, 1시간 반짜리인지에 따라 아이가 식사에 참여할 수 있는 여부가 달라질 것입니다. 아무리 순한 기질이고 잘 참는 아이라고 해도 1시간 이상을 가만히 제자리에 앉아 어른들의 대화를 들으면서 기다려야 한다면 매우 힘들 것입니다.

만약 비슷한 연배의 자녀들을 데리고 부모들이 모였다면, 어린이를 위한 공간이 마련된 식당이어서 함께 아이를 돌볼 수 있다면 큰 무리가 없을 것입니다. 그러나 집안 어른들을 모셔야 한다거나, 조금 어려운 자리라면 차라리 집에서 모시라고 권하고 싶습니다. 가정에 어린 자녀가 있다면 부모님과 손님에게 양해를 구하고, 식사 준비가 어려우면 배달을 시키더라도 그렇게 대접하는 것이 아이와 손님에게 모두 좋습니다.

사실 저도 이 부분에서 실수를 자주 했습니다. 자녀들이 아직 어렸을 때, 손주를 보고 싶어 하는 부모님을 모시고 식사를 하기로 했는데, 부모님께 좋은 음식을 대접하고 싶은 마음에 분위기가 좋은 식당을 예약하게 되었습니다. 하지만 어른들에게 분위기가 좋은 식당은 아이에게 제재가 많은 식당이죠. 그래서 아이들이 힘들어했습니다. 아이들끼리 장난을 치거나 부산하게 행동하면 가만히 있어야 한다고 계속 통제했습니다. 아직 그럴 수 있는 연령대가 아니었는데도요. 그다음 모임에서라도 식사 자리를 바꾸어야 했는데 부모님을 우선에 두다 보니 그렇게 융통성 있게 생각하지 못했습니다. 그래서 식당에 갈 때마다 아이들을 더 다그쳤고, 가만히 참기가 어려웠던 아이들은 할아버지 할머니와 외식하는 것을 불편하게 생각했습니다. 아무리 맛있는 음식이 있어도 잘 먹지 못했고요. 여기서 가족이 함께하는 즐거움, 식사 예절을 알려줄 수 있었을까요? 그렇지 못했습니다.

식사 시간에 아이에게 스마트폰을 보여 주는 것은 어떨까요? 식당에 가서 스마트폰을 보여 주면, 아이들은 그것이 식사 예절이라고 배우게 됩니다. 그래서 다음에도 식당에 가면 스마트폰을 당연하게 요구합니다. 스마트폰을 보면 아이가 식사를 혼자서 잘할 수 있나요? 정신이 화면에 쏠려서 어른들이 떠먹여 주게 됩니다. 음식이 코로 들어가는지 입으로 들어가는지도 모릅니다. 음식의 맛과 모양에 대한 관찰, 식사하는 분위기, 어른들의 대화 등 모든 상황이 식사 습관을 바로잡을 타이밍인데 화면에 눈이 팔리면 이 모든 기회를 놓칩니다.

만일 외식해야 한다면 아이와 맞는 식당 분위기, 식사 시간, 손님을 고려하세요. 그리고 외식하러 가기 전에 아이와 이러한 대화를 나누어야 합니다.

"이번 주말에 할머니 할아버지를 만나서 은지가 좋아하는 소고기를 먹으러 갈 거야."

"우와!! 좋아!!"

"그런데 가기 전에 생각할 게 있어. 그 식당은 아주 넓고 은지가 좋아하는 물고기도 있어서 구경하고 싶은 게 많을 거야. 식사를 시작하기 전이나 끝나고 나서 아빠랑 같이 잠깐 구경할 수는 있겠지만, 식사하고 있을 때에는 자기 자리에 있어야 해. 특히 너 혼자서 돌아다니면 절대 안 돼."

"왜?"

"거기는 뜨거운 불이나 음식을 들고 움직이는 직원분들이 계시는데, 네가 작아서 그분들이 너를 못 보고 이동하다가 서로 부딪힐 수 있어. 그러면 네가 다칠 수 있어. 그래서 식당에서는 사람들이 움직이지 않으려고 해. 만약에 네가 가만히 있지 못할 것 같다면, 아빠가 식사 장소를 우리 집으로 바꾸자고 할게. 넌 어떨 것 같아?"

"아빠, 내가 잘 앉아서 밥 잘 먹으면 나올 때 물고기 구경하게 해줘야 해? 알았지?"

4~7세에 식사 예절을 알려줄 수 있는 이유는 대화가 되고 자기 조절 능력이 어느 정도 움트기 시작했기 때문입니다. 그래서 식당에 가기 전에 아이와 이렇게 대화를 나누고 가기만 해도 도움이 됩니다. 물론 사전에 대화했어도 식당에서 문제가 생길 수 있으므로, 늘 주의해야 하겠죠.

집에서 하는 식사 시간에도 당연히 규칙이 있어야 합니다. 가족 규칙이죠. 어떤 가정은 식사 시간에 TV를 켜 놓고 뭔가 중요한 장면이 나오면 부모가 TV 앞까지 왔다갔다하기도 합니다. 그런 부모 모습을 보면 아이는 식사 시간에 돌아다녀도 된다고 학습합니다. 만약 부모는 식사 시간에 왔다갔다하면서 아이에게만 하지 말라고 강요한다면 아이는 억울하겠죠. 부모의 행동과 맞지 않는 요구이기 때문입니다.

식사 시간에 부모는 전화나 메시지를 보내면서 아이에게는 식사 시간에 잘 앉아서 열심히 먹기만 하라고 강요하는 건 어떨까요? 마찬가지입니다. 조절력이 미숙한 아이가 보기에 어른도 지키지 않는 요구를 하는 것이 이해되지 않고 반발심도 생길 수 있습니다. 이럴 때는 아무리 좋은 칭찬과 눈빛으로 부모가 보상해 주어도 도움이 안 됩니다.

식사 습관, 식사 예절은 가족이 모두 받아들일 수 있는 내용이고,

같이 지켜야 한다는 것을 인지하는 것이 핵심입니다. 식사뿐만이 아닙니다. 자녀의 습관을 관리하는 원칙도 동일합니다. 그 원칙이 가족마다 다를 수 있겠지만, 사회적으로 용납되는 선에서 정해야 할 것입니다. 때로는 사회적 룰이 가족의 룰보다 더 기본이 되기도 합니다. 이때에도 가족 내에서의 규칙을 잘 지켰다면 어렵지 않게 사회적 룰을 수용할 것입니다.

습관을 만드는 부모의 말, 사랑과 함께하는 제안

습관 만들기의 가장 기본이 되는 수면과 식사에 대해 나누었는데요. 이 외에도 학령기 전의 자녀에게 습관이 되도록 꾸준히 알려 주면 좋은 것들이 있습니다. 정리정돈, 집안일에 참여하기, 바른 자세 잡기입니다.

아이들은 다양한 놀잇감을 펼쳐놓고 부산하게 놉니다. 이것을 가지고 놀다가 저것을 가지고 놀고, 두 가지를 섞기도 합니다. 정리정돈을 가르치겠다고 해서 하나를 가지고 놀고 나면 정리한 후에 다음 장난감을 가지고 놀라고 할 필요는 없습니다. 다만 놀이 일과가 끝나고 다음의 일과로 넘어가기 전에, 자기가 가지고 논 놀잇감은 정리하도록 안내할 필요는 있습니다. 그러려면 먼저 각 놀잇감의 제자리가 있어야 합니다. 책은 책꽂이에, 인형은 선반에, 블록은 블록상자에, 팽이는 팽이함 등 각 놀잇감을 두는 상자와 지정된 장소가 있어야 합니다. 모든 놀잇감을 한곳에 다 모아놓기보다 어느 정도 분류해서 두면 아이가 비슷한 것끼리 구분하면서 인지 발달도 해 나갑니다. 블록상자, 피규어상자, 각종 캐릭터 카드상자, 퍼즐상자 등등으로 잘 나누어 놓으면 아이가 차츰 장난감을 분류해서 정리하는 것에 익숙해질 수 있습니다. 그러면 나중에 원하는 놀잇감을 찾을 때에도 수월하게 찾을 수 있죠.

정리정돈을 잘하는 습관은 학습과도 연결되는 부분입니다. 뭔가를 배운다는 것은 들은 정보를 잘 정리해서 나만의 것으로 소화해 저장하는 과정입니다. 또한 큰 주제를 배우기 위해 여러 갈래를 세분화해서 학습해 가기도 하는데요. 쉽게 말하면 지도를 그리는 것과 같습니다. 머릿속에 그림을 그려 가면서 학습하면, 전후 관계를 이해하기 쉬워 공부한 내용을 쉽게 잊어버리지 않게 됩니다.

이렇게 배운 내용을 머릿속에서 그림을 그려 가면서 정리하는 방법을 깨달으면 아이들은 공부에 더 흥미를 느끼게 됩니다. 그런데 이러한 방법을 하루아침에 깨달을 수는 없습니다. 일상에서 차근차근 정리하는 습관이 들여져 있다면, 학습에서도 내용을 정리하면서 접근하려는 태도로 자연스럽게 확장될 수 있습니다.

바른 자세도 비슷합니다. 학령기는 초등학교 1학년부터 고등학교 3학년까지 장거리 마라톤입니다. 당장은 편한 자세로 공부해도 괜찮은 것 같지만, 나쁜 자세가 계속되면 아이들이 크면서 허리나 어깨가 아프거나, 근육통과 두통을 자주 호소하기도 합니다. 그리고 바른 자세를 유지하는 긴장감은 학습에 대한 집중력도 올려 줍니다.

4~7세의 자녀에게 완벽한 학습 자세를 훈련시키기는 어렵지만, 식사 시간에 앉아 있는 자세나 책을 읽어 줄 때, TV를 시청할 때 부모가 아이의 등을 쓸어 주면서 바른 자세를 갖도록 안내해 줄 필요가 있습니다.

마지막으로는 집안일에 참여시키는 것인데요. 집안일에 참여시키기는 예절을 알려 주기에 좋은 방법입니다. 가족이 모여 생활하는 집에는 해야 할 일들이 많습니다. 하지만 각자 조금씩만 도와도 집안일은 한결 수월해집니다. 아이는 늘 누군가의 도움을 받고 자랐기 때문에 도움을 받는 것에 익숙하지만, 이제부터는 그러한 도움에 감사할 줄 아는 마음을 알려 주면 좋습니다. "고맙습니다" "사랑해요" "미안해요"라는 표현을 자주 쓰도록 안내하는 것도 방법입니다. 그리고 아이에게도 가족들을 도울 기회를 주면 가족에 대한 소속감과 소중함을 함께 느낄 수 있습니다.

그래서 아주 작은 것부터 참여시켜 보기를 권합니다. 옷을 갈아입고 나서 빨래는 빨래통에 넣기, 침대 이불 잘 펴놓기, 신발장 정리하기, 식사 시간 전에 수저 놓기, 다 먹은 그릇은 싱크대에 가져다 놓기, 빨래 개어 놓기, 부모님 안마해 드리기 등등이 있습니다.

누군가를 도와 본 경험이 많은 아이는 배려하는 마음도 더 자랍니다. 칭찬도 자주 들으면서 긍정 정서가 충족됩니다. 어지르기만 했던 아이가 정리 정돈을 시작하면서 차츰 행동을 조절하기 시작합니다.

아이에게 있어서 가장 큰 보상은 장난감이나 맛있는 음식이 아닙니다. 정서적 충족감입니다. 세상에서 가장 사랑하는 부모에게서 받는 인정과 정서적 안정감만큼 좋은 보상은 없습니다. 특히 좋은 행동과 태도가 습관으로 자리잡기까지는 불편함을 감수해야 하는데, 이 과정에서 아이의 감정이 상하고 과하게 통제를 받는다고 억울한 마음이 들면 습관이 되기가 어렵습니다. 그래서 정서적 보상을 충분하게 주어야 합니다.

칭찬할 때뿐 아니라 규칙을 제안할 때에도 사랑의 표현은 담겨야 합니다.

"물가로 가지마! 위험해!"(×)

"엄마도 네가 저기서 놀면 재미있을 것 같아. 근데 너무 위험해 보이지 않아? 그러니까 조금만 안쪽에서 놀았으면 해. 네가 걱정되어서 그래."(○)

같은 메시지여도 어느 쪽이 아이 마음에 담길까요? 결국은 부모의 말 표현이 중요합니다. 사랑을 전제로 하는 것인지, 통제가 우선인지를 아이는 부모의 말에서 잘 알아차립니다. 4~7세 아이에게 전하는 말에는 애정과 조절의 내용이 모두 담겨야 합니다.

4~7세는 학교라는 세계로 내보낼 준비를 하는 시기입니다. 아이가 내 품을 떠나 학교라는 세계에 첫발을 들이는 만큼 바깥 세상으로 나가도록 준비시키는 때입니다. 하지만 언제나 안전을 위한 최소한의 경계를 제시해야 합니다. 그리고 그 바운더리를 제시하는 과정

은 애정이 담긴 메시지여야 합니다. 그렇지 않다면 느슨한 통제여도 아이가 갑갑하게 느낄 수 있습니다.

아이가 자라 청소년이 되어서도 마찬가지입니다. 이 시기 아이들은 감정이 요동치기 때문에 아이를 안심시키고, 괜찮다는 메시지를 전달하는 동시에 제안을 건네야 합니다.

"그런 네 의견도 좋은데 이렇게 해 보자. 만약 그래도 어려우면 다시 고민해 보자."

4~7세는 하기 싫은 것을 참아가면서 규칙과 규율을 처음 배워 가는 시기입니다. 사춘기는 규칙과 규율을 잘 지켜오던 아이가 반항하며 튀어 나가는 시기이죠. 4~7세와 사춘기는 모두 조절 능력이 이슈가 되는 시기입니다. 이때는 정서를 다독이면서 키워 가야 합니다. 발달하기 위해 흔들리는 4~7세는 어찌 보면 내 아이의 사춘기 전조를 그려 볼 시기입니다. 그러나 아이는 이 흔들리는 과정을 통해 다음에 주어질 경쟁을 잘 이기도록 조절 능력과 해내는 힘을 만들어 갑니다.

스마트폰 사용은 어떻게 지도할까?

스마트폰이 나온 지 불과 15년 남짓입니다. 그 짧은 사이에, 스마트폰은 우리 일상에 없어서는 안 될 중요한 도구로 자리잡았습니다. 어른에게 이 작은 기기가 신세계이듯 아이들에게도 그렇습니다. 지금 우리 자녀의 세대는 태어날 때부터 스마트기기가 주변에 주어진

알파세대입니다.

36개월 이전의 자녀에게는 스마트기기, 영상물을 보여 주지 않는 것이 원칙입니다. 이 원칙대로라면 아이는 4세에 처음 스마트기기를 접하게 됩니다. 전에 없던 엄청나게 새로운 장난감이 등장하게 되죠. 이전의 장난감을 모두 물리칠 만한 막강한 존재가 등장했습니다. 우리 아이가 스마트기기를 처음 접하는 시기고, 스마트기기를 통해 전달되는 것들의 자극이 워낙 큰 만큼, 이 시기에 무엇을 보여 주는가, 어떻게 보여 주는가, 어떠한 제한을 둘 것인가의 원칙을 잡는 것은 매우 중요합니다.

스마트기기를 통한 영상 제공은 상호적인 놀잇감이 아니라는 큰 문제가 있습니다. 과몰입을 유발할 수 있어서 위험합니다. 자녀의 미디어 접근에 대한 가이드라인은 이미 마련되어 있습니다. 우선 세계보건기구WHO에서 제안한 영유아 스마트기기 가이드라인은 다음과 같습니다.

① 만 1세 이하는 전자기기 화면에 아예 노출되는 일이 없게 한다.
② 만 2세에서 4세 어린이는 하루 1시간 이상 전자기기 화면에 노출되지 않게 한다.

대한소아청소년정신의학회·대한신경정신의학회·한국중독정신

의학회에서는 다음과 같은 권고안을 제시한 바 있습니다.

① 만 2세 미만의 유아는 가급적 모든 스마트기기 노출을 피하는 것이 좋다.
② 만 2세 이후에도 스마트기기 이용시간이 하루에 가급적 2시간을 넘지 않도록 지도한다.
③ 기기 사용 환경을 적절하게 살핀다.
④ 평소 아이가 스마트기기를 통해 무엇을 보고 느끼는지 관심을 갖고 훈계나 비난보다는 대화로 다가선다.
⑤ 부모가 게임이나 동영상의 폭력성·선정성 등을 판단할 수 있어야 한다.
⑥ 가정 내 스마트기기 이용 계획을 미리 세우고 지속적으로 관리한다.
⑦ 심야 시간에는 스마트기기를 이용하지 않는다.
⑧ 부모 스스로 모범을 보인다.

이것을 기본 지침으로 삼고, 그 다음의 문제들을 살펴보아야 합니다.

아이들은 스마트기기를 왜 그렇게 좋아할까요? 기존에 보지 못한 화려한 영상이 제공됩니다. 유소아 대상의 앱이나 프로그램은 조작이 쉽고 직관적으로 적용되어 있어 제공하는 정보를 매우 빠르게 학습할 수 있습니다. 금방 적응한다는 뜻이죠. 스토리는 단순하지만 화려한 영상과 음향이 뇌를 자극합니다. 때로는 성취감을 느낄 수 있도록 게임 등급을 적용해, 레벨업과 경쟁을 통해 희열을 느끼기도 합니다.

스마트기기를 통하면 소통이 제한되는 듯 보이지만, 활용에 따라서는 눈에 보이지 않는 누군가와 연결되는 경험도 할 수 있습니다. 게임은 더합니다. 스토리를 이해하고 여러 난이도를 경험하게 됩니다. 또래집단 간 상호작용을 쌓아가는 도구가 되기도 합니다.

요즘 세상에 4~7세의 자녀에게 스마트기기의 존재조차 모르게 키울 수 있을까요? 불가능합니다. 태어났을 때부터 부모가 조작하는 기기를 옆에서 보면서 자란 아이들이기 때문입니다. 그래서 이제는 스마트기기를 주는가 주지 않는가의 여부가 아니라, 잘 사용하는 방법을 알려 주는 것에 초점을 맞추어야 한다고 생각합니다.

아이에게 습관이 되어야 하는 일상의 반복된 루틴을 정하는 데 있어서 알람 기능이나 타이머 기능을 사용하여 아이로 하여금 시간에 대한 감각을 깨워줄 수 있습니다. 그리고 발달 과정에 필요한 것을 관련 앱을 통해 간접적으로 경험하게 하는 것도 도움이 될 수 있습니다. 예를 들어 4~7세 아이들에게 배변 훈련도 꽤 중요한 발달 과제인데요. 화장실에 가고 싶다는 요의나 변의를 느끼는 감각적 경험부터, 화장실이라는 특정 장소를 찾는 것, 화장실에서 볼일을 보는 것, 뒤처리하는 것, 볼일을 보기 전후로 옷매무새를 정리하는 것, 이후에 위생 관리하는 순서 등등이 4~7세 아이들이 해내야 할 훈련입니다. 당연하고 쉬운 이 과정도 설명하자면 꽤 어렵고, 그렇다고 개중 하나를 생략할 수도 없는 것들입니다. 이러한 단계를 간접적으로 경험할 수 있도록 안내된 앱을 활용하는 것이죠.

평소에는 배변을 잘 가리다가도 공중화장실을 무서워하는 아이들이 있습니다. 특히 학교생활을 시작하면 공중화장실에 혼자 다녀와야 하는데, 여러 사람이 사용하는 공간에서 스스로 볼일을 처리하는 것이 매우 큰 일처럼 느껴지게 됩니다. 때로는 공중화장실이 집보다 너무 더러워서 참다가 소변 실수를 하기도 합니다. 이렇게 다양한 상황에 대비해서 가상으로 간접 경험을 할 수 있는 콘텐츠를 제공하면, 아이는 간접 경험을 통해 조금 더 편하게 적응할 수 있게 됩니다.

아이가 조금 크면 무언가를 발표하거나 놀이하는 모습을 영상으로 찍어달라고 하기도 합니다. 그렇게 촬영한 자기 모습을 보면서 객관적으로 자신을 살피는 도구로 사용하기도 합니다.

스마트기기에 대한 부정적 영향을 우려하는 연구는 많습니다. '팝콘 브레인'이라고 표현되는 반응이 대표적인데, 스마트폰 등이 즉각적이고 감정적인 반응을 유도하고, 깊이 있는 사고를 하지 못하게 한다는 것, 통합적 사고 능력을 떨어뜨린다는 등의 주장들이 많습니다.

그러나 스마트기기가 나왔던 초기의 우려와 달리 아이들의 뇌 발달에 스마트기기가 어떠한 도움을 줄 수 있는가를 고민하는 연구도 많아지고 있습니다. 실제로 뇌 발달에 문제가 있는 아이들에게 스마트기기를 통한 치료를 제공하는 연구도 이루어지고 있습니다. 우리 아이들은 태어났을 때부터 스마트기기를 주변에서 보고 자라는 세대인 만큼, 스마트기기를 주느냐 주지 않느냐가 아니라 어떠한 긍정적인 자극을 줄 콘텐츠를 선별하느냐의 문제로 옮겨가고 있다고 봅니다.

분명 스마트기기에 담긴 다양한 콘텐츠를 연령과 난이도에 맞지 않게 무분별하게 제공하거나 게임 위주로 제공한다면 앞서 나온 연구들처럼 아이의 뇌 발달에 부정적 영향을 미칠 수 있습니다. 그러나 부모의 바른 가이드 아래 내 아이의 부족함을 이끌어 줄, 호기심을 채워 줄, 지적 능력을 끌어올려 줄 콘텐츠를 선별한다면 저는 스마트기기의 활용이 우리 자녀 세대의 발달에 긍정적인 영향을 줄 것이라고 기대합니다.

효율성을 높이는 뇌, 몰입을 높이는 뇌 발달에도 스마트기기의 활용이 긍정적일 수 있습니다. 기기를 제공하는 기본 원칙을 지키는 선에서, 좋은 콘텐츠를 선별하여 제공하려는 노력이 따른다면 바른 습관을 들이고, 학습에 도움이 되는 뇌 발달을 긍정적으로 자극해 주는 역할을 할 수 있을 것입니다.

CHAP 11. 에너지를 쏟는 몰입하는 뇌

몰입의 경험, 해내는 아이를 만드는 힘

의과대학에 들어가서 공부하는 것은 저에게 꽤 힘든 시간이었습니다. 매일 새롭게 외워야 하는 내용이 책 한 권 이상의 분량으로 쏟아졌습니다. 힘에 부치던 어느 순간, 회의가 들더라고요. 이렇게까지 해야 하나, 내가 제대로 공부하고 있는 게 맞나 싶었습니다.

의대에 입학한 이후 집에 들어갈 시간이 거의 없었습니다. 학교에 붙어 있었기 때문에 강제 독립을 한 것이나 마찬가지였는데요. 어느 날은 책을 보기가 너무 싫어서 무작정 집으로 갔습니다. 나름의 일탈 같은 시간이었습니다. 오랜만에 제 방에 들어가서 쉬다 보니 어릴 적 가지고 놀던 것들, 좋아했던 것들이 눈에 들어오더군요. 감명 깊게 본 비디오, 스무 번 넘게 읽은 책, 자주 들었던 음악들을 보면서 뭔가 그동안 제가 살아왔던 시간을 짚어보는 시간이 되었습니다. 그러면서 문득 생각이 정리되더군요.

'그러고 보면 나는 정신과가 어울리네.'

저는 주로 심리를 다룬 소설이나 프로이트의 일생을 다룬 영화 등을 보거나, 친구들 사이에서도 친구 고민을 들어 주고 친구의 마음을 관찰했던 것이 떠올랐습니다. 저라는 사람을 다시 바라보게 되었고, 그렇다면 지금은 너무나 힘들지만 이 과정도 내 목표를 위해서는 견뎌야 하겠구나 하는 생각이 들었습니다.

저는 몰입이 지도를 그리는 과정이라고 생각합니다. 완전히 빠져들었던 경험들이 쌓여서 내가 잘하는 것이 되고, 칭찬을 받으면서 동기부여가 되고, 때로는 칭찬과 무관하게 과정 자체가 너무나 즐거웠던 경험을 따라 그 길을 가는 것이죠. 그래서 몰입의 경험들은 인생의 방향키를 잡을 때 중요한 나침반이 되기도 합니다. 중간에 다른 길로 빠지고 흔들리는 것처럼 보여도, 결국은 내가 몰입했던 그 경험들에 닻을 내리고 있어서 다시 제자리로 갈 수 있게 만듭니다.

아이는 4세 정도가 되면 처음으로 몰입과 비슷한 경험을 하게 됩니다. 아이 입장에서는 매우 놀라운 시간입니다. 0~3세에도 놀이를 하지만, 부모로부터 제공받은 놀이 자극에 반응하는 정도였고, 반응하는 대상도 부모입니다. 놀이의 형태나 내용도 촉각, 청각, 시각에 국한된 감각적인 놀이죠. 아이 스스로 무언가를 찾아서 하는 놀이라기보다는 시켜서 하는 역할 놀이 정도에 그칩니다.

그런데 4세부터는 아이가 본격적으로 자발적 놀이에 대한 욕구를 드러냅니다. 4~7세의 놀이에는 기대감과 내적 판타지가 녹아들어 있어 스스로 무엇을 할지 선택하고, 스스로 움직이고, 나름의 복잡한 시나리오를 만들어 서열을 나누고 경쟁 구도도 만듭니다. 그 결과로 성공과 좌절을 맛보기도 합니다. 이 시기는 감각, 운동, 시·지각 협응능력을 다루는 뇌가 가장 활성화되는 시기여서, 뇌에서 몸을 많이 움직여서 좋은 자극을 전달하라는 신호를 보냅니다. 아이는 그 신호에 맞게 놀이에 대한 욕구, 신체를 움직이고 싶은 욕구를 표현해 갑니다.

"몰입은 어떤 생각에 몰두하는 것 아닌가요?"

몰입을 정적인 활동이라고 생각하는 분들이 자주 하는 질문입니다. 성인에게는 그럴 수 있습니다. 하지만 몰입을 처음 경험하는 4~7세 아이에게 가만히 앉아서 깊은 생각을 하게 할 수는 없습니다. 이 시기에 쌓을 수 있는 몰입 경험은 감각 뇌, 운동 뇌, 감각운동 통합 뇌, 시·지각 협응 뇌가 하나가 되는 순간입니다. 바로 신체 놀이, 몸 놀이, 운동입니다.

작은 풋살장에 대여섯 명의 아이들이 모여 운동하는 모습을 지켜본 적이 있다면 매우 공감할 것입니다. 아이들은 승부를 위해 팀을 짜고, 공을 패스하는 짧은 시간 안에 시나리오를 만듭니다. 슈팅을 해서 이기고 지는 것을 모두 경험합니다. 이것이 그 경기에 푹 빠져든 아이들의 몰입 경험입니다. 이렇게 몸을 쓰는 활동을 쌓으면 몰입의 경험이 쌓이면서 점차 무언가에 빠져드는 재미를 깨닫게 됩니다. 이것이 차후 차분한 활동에서 얻는 즐거움을 느끼도록 연결하는 다리를 만드는 것이죠.

몸을 써서 몰입을 경험했다고 해서 '운동에 대한 긍정적인 기억'만 남지는 않습니다. 아이들의 놀이에는 '운동' 외에도 여러 내용이 담깁니다. 원하는 목표를 위해 계획을 세우고, 그것을 수행하기 위해 몸을 움직이고, 팀워크를 쌓는 모든 과정이 몰입의 경험입니다. 물론 블록을 쌓고 장난감을 조립하면서 빠져드는 시간도 몰입 경험입니다. 그러나 4~7세에는 몸 놀이만큼 크고 긍정적인 자극이 없습니다. 이때는 몰입의 내용보다는 몰입을 경험하는 자체가 중요한 시기입니다.

이렇게 아이가 여러 활동을 통해 몰입을 경험하고, 무언가에 푹 빠져 본 경험이 내재화되면, 아이는 크면서 이 몰입의 경험을 어떻게 써먹을지 생각하게 됩니다. 희열, 성취감, 노력, 다시 시도하려는 의지로 발현되어서 재미가 없는 정적인 학습, 활동, 살아가면서 만나게 될 위기마다 이러한 태도들을 꺼내어 쓰기도 합니다. 4~7세의 몰입 경험이 내 아이를 단단하게 지지하게 만드는 큰 자양분이 됩니다.

여러 분야를 잘해야 똑똑해질까?

"우리 아이는 OO만 너무 좋아하고 관심을 가져요. 한 분야만 좋아해도 될까요?"

네, 괜찮습니다. 4~7세에는 그런 경험이 쌓이는 시기입니다. 어른의 입장에서는 국어도 잘하고 수학도 잘하고 영어도 잘해야 하므로, 내 아이가 이 책도 보고 저 책도 보고, 이런 놀이도 하고 저런 놀이도 하면서 다양한 경험을 쌓고, 조금 더 공부에 관심을 가졌으면 좋겠다 싶을 것입니다. 그런데 결론부터 말하자면 어릴 때부터 여러 분야에 호기심을 갖고 균형을 맞추려 할 필요는 없습니다.

이 시기의 아이들이 유독 한 분야의 책, 특정 놀이, 하나의 놀잇감만 닳을 때까지 가지고 놀기도 하는데, 그대로 두어도 괜찮습니다. 아이는 지금 마음에 닻을 내리려고 몰입을 시도하는 것과 같으니까요. 이렇게 한 분야에 대한 호기심과 관심을 충분하게 채우는 경험이 다른 분야에 대한 관심으로 확장되고, 새로운 분야에도 깊이 있게 파고드는 태도를 만듭니다. 그렇게 되면 기존에 관심을 가진 분야에 대한 정보와, 새로운 분야에서 습득한 정보를 스스로 섞어서 새로운 통찰을 만들어 내기도 합니다.

어떤 아이는 한여름에 땀을 뻘뻘 흘리면서도 곤충 채집에 여념이 없습니다. 공원에 가도 놀이터에 가도 캠핑을 가도 풀밭 사이사이를 뒤지면서 곤충을 잡아냅니다. 이런 친구들은 서점에 가도 곤충 책부터 고릅니다. 부모 입장에서는 '곤충을 좋아할 수 있지'라고 생각하다가도 '만날 곤충만 잡네'라고 걱정하기도 합니다.

부모의 눈에는 '곤충' 하나이지만, 아이는 자기 관심사를 계속 확장해 가고 있습니다. 책에 나오는 글자를 다 읽고 이해하지 못해도 곤충 책을 몇 번이고 반복해서 봅니다. 자기가 잡은 곤충의 이름을 알기 위해 곤충의 특징을 확인하면서 생각보다 어려운 표현도 곧잘 이해하게 됩니다. '곤충은 머리, 가슴, 배로 나뉘고 다리가 여섯 개인 동물'이라는 사실을 알게 되고, 곤충의 종을 분류하기도 합니다. 초등학교에서 배우는 자연 관찰의 내용을 시키지 않아도 학습하고 있는 것이죠.

그래서 무언가에 빠져 있는 아이를 염려스러운 눈빛으로 바라보기보다는, 아이의 관심사가 확장될 만한 것들을 넌지시 제시해 주는 것이 도움이 됩니다. 곤충 채집에 관심이 있다면 곤충 책을 보여 주거나, 곤충도 나오고 다른 동물도 나오는 자연 다큐멘터리를 함께 보고, 곤충 박사가 운영하는 해외 채널을 소개하기도 하고, 곤충이 좋아하는 식물을 소개해 줄 수도 있습니다.

이 시기의 아이는 자기 관심사의 것들이 완전히 익숙해질 때까지 끊임없이 반복하려는 모습을 보입니다. 반복하면서 집중력이 길러지고, 그러면서 실력이 자라고, 실력이 자라 성취감을 느끼면서 어느 하나의 영역에 만족감을 느끼면 완전히 다른 분야로 관심을 옮기기도 합니다. 책을 보았던 경험이 있기 때문에 다른 책을 찾아 읽는 것이 자연스럽고, 풀숲을 누벼 봤기 때문에 무언가를 관찰하는 것을 잘 해내게 되듯 말입니다. 정보를 분류하고 통합하는 스킬도 늘어나서 다른 분야에서도 활용합니다. 그것이 4~7세 아이들이 몰입의 경험을 확장하는 과정입니다.

한 영역에 대한 충분한 실행, 탐색, 뿌듯한 감정을 느끼는 일련의 과정은 다른 어떤 일을 할 때에도, 심지어 어른이 되어서도 새롭게 도전하고 성취해 낼 수 있는 좋은 토양이 됩니다. 그러한 좋은 경험을 많이 쌓을 시기가 4세부터 시작되므로, 내 아이의 관심사와 욕구를 믿어 주세요.

좋은 기억은 해내는 힘을 만드는 저력

초등학생 때 저는 공부에 그다지 관심도 많지 않았고, 선생님들 눈에도 특별히 띄지 않는 평범한 학생이었습니다. 그런데 초등학교 3학년 때 초임으로 오신 담임 선생님이 어린 마음에 너무나 예뻐 보이셨어요. 잘 보이고 싶은 마음이 들더라고요. 그런데 선생님께서 마침 저를 반장으로 지목하신 겁니다.

어떤 이유인지는 모르겠으나 좋아하는 선생님이 저를 뽑아주셨다는 것에 엄청나게 기뻤습니다. 그리고 저를 뽑아주신 선생님의 기대에 부응하기 위해 저는 그날부터 모범생이 되려고 열심히 노력했습니다. 청소도 열심히 하고 수업 시간에 참여도 열심히 하고 친구들에게 문제가 생길 때마다 나서서 잘 통솔하려고 이래저래 애썼던 경험이 있습니다.

지금도 가끔 그때를 생각하는데요, 저를 반장으로 뽑아주셨다는 것이 저에게 좋은 '라벨링'이 된 것이 아닐까 생각합니다. 선생님께서 나를 좋게 봐주신 만큼, 나도 더 잘해야겠다는 마음이 든 것이죠.

또 하나의 기억은 초등학교 입학식이었습니다. 운동장에 모여서 반별로 두 줄씩 서서 교장 선생님의 안내 말씀을 듣고 반으로 들어왔는데요. 교실에 들어올 때 선생님께서 옆 짝꿍과 손을 잡으라고 하셨습니다. 아이들이 흩어지면 안 되니까요. 그렇게 짝꿍과 손을 잡고 교실에 들어왔습니다.

나중에 우연히도 제 짝꿍의 어머니와 저희 어머니가 친해지셨는데, 엄마들끼리 나누는 대화를 듣게 되었어요.

"붕년이 손이 따뜻해서 OO이가 붕년이를 좋아한대요."

유치원 때까지도 누구를 좋아한다는 생각이 딱히 없었는데, 이 말을 듣는 순간 왜 그리 두근두근하던지요. 그 이후로 학교에 갈 때마다 단정하게 옷을 입고 더 좋은 인상을 주려고 애를 쓰던 제 모습이 떠오릅니다.

생각해 보면 별일 아니고, 스쳐 지나가는 듯한 이런 기억들이 문득 떠올라 피식할 때가 있습니다. 신기하게도 어릴 적의 소소한 기억들이 떠오르면 힘이 납니다. 무언가를 성취해 본 경험도 물론 그렇지요. 이렇게 내 머릿속에 남은 오래전의 경험들이 인생의 닻이 되어 주는구나, 하는 생각이 듭니다. 소소한 기억이 위안이 되면서 내가 흔들릴 때 나를 단단히 잡아 주는 것이죠.

안 좋은 기억도 있습니다. 역시나 초등학교 입학식 날의 기억인데요. 교실에서 선생님과 친구들과의 만남이 끝난 후 교실 문을 나섰는데, 문 앞에 바로 계실 줄 알았던 엄마가 보이지 않았습니다. 순간 그날의 낯섦이 두려움으로 바뀌면서 눈물이 났습니다. 울면서 엄마를 찾아 복도 끝으로 갔는데 엄마는 보이지 않았어요. 제 기억은 여기까지인데, 어머니 말씀으로는 사람이 많아서 반대쪽 복도에 서 계셨고, 교실에서 나오는 저를 보고 금방 따라와서 만났다고 하시더군요. 그런데 제 기억에는 엄마를 만난 기억은 없고 울면서 엄마를 찾았던 기억만 있습니다.

그런데 이 기억도 저를 붙들이 주는 때가 있습니다. 살면서 길을 잃은 듯한 불안감이 들 때입니다. 이날 엄마를 잃은 듯했지만 결국 나는 안전했던 것처럼, 지금 나도 그저 길을 찾고 있는 것이라는 안도감이 생깁니다. 살면서 엄마를 잃을 때처럼 조금 헷갈리는 순간들이 있지만, 나는 여전히 잘 가고 있다면서 저 스스로에게 위로를 건네는 것입니다.

아이가 크면 어릴 때의 기억을 잘하지 못합니다. 특히 0~3세 이전의 기억은 사라진다고 봅니다. 4~7세의 기억도 완벽하지 않습니다. 그런데 그 경험의 감정들은 고스란히 남습니다. 그 경험들이 무의식에 닻을 내려서 우리 삶의 방향을 안내하고 있습니다. 그것이 애착 경험, 정서 경험이라는 이름으로 우리의 평생을 함께 따라다닙니다.

4~7세의 경험은 완전하지 않습니다. 미숙하고 불안정합니다. 하지만 이 시기만큼 천진난만하게 자기의 욕구와 감정을 표현해 볼 시기가 인생에 또 있을까 싶습니다. 이 시기만큼 신나게 놀면서 신체의 에너지를 발산할 시기가 또 있을까 싶습니다. 이 시기만큼 부모를 좋아하고 따랐던 적이 있을까 싶습니다. 그런데 이러한 아이의

욕구와 바람과 행동들이 모두 아이의 인생에 자양분이 됩니다. 무언가를 시도하고, 해내고, 인정받고, 다시 도전하면서 단단한 지지대를 만들고 있는 것이지요. 그래서 저는 이 시기를 행복하게 보낸 아이 만큼 큰 잠재력을 가진 사람은 없다고 봅니다.

많은 부모가 '내 아이가 공부를 잘하는 아이로 자랐으면 좋겠다'는 바람으로 이 책을 펼쳤을 것입니다. 다음 파트에서 지능에 대한 이야기를 다루겠지만, 파트 1부터 4까지 오면서 제가 전하고 싶은 뇌 발달의 포인트는, 공부를 집중해서 하고 빠져들어서 재미를 느끼려면 그 전에 집중할 수 있는 뇌로 잘 만들어 놓아야 한다는 것입니다.

특히 4~7세의 발달 과업은 '자기 조절력'과 '정서 지능'입니다. 그저 공부하기 위해 억지로 앉아 있는 아이를 만드는 것이 아니라, 충분히 놀고 충분히 에너지를 발산하는 경험을 통해서 충분히 견딜 수 있는 힘을 자연스럽게 만들어 내는 것이 핵심입니다. 또한 공부는 억지로 되는 것이 아니라 하려는 마음, 동기와 감정에서 비롯되기 때문에 정서를 '지능'으로 분류할 만큼 중요하게 다루어야 한다고도 설명했습니다.

이 두 가지가 하나가 되는 것이 몰입입니다. 내가 원하는 바대로 내 몸을 제어할 수 있고, 그러한 경험을 통해 성취를 맛보는 순간을 경험합니다. 그 성취의 순간, 나에 대한 부모의 기대와 남이 나를 보는 시선을 통해서, 더 멋진 내가 되는 미래를 그려 가는 것이 또한 몰입의 경험입니다. 이 모든 순간이 성인이 되어서까지 중심을 잡아 주는 닻이 됩니다.

공부를 잘하기 위해 공부를 열심히 하는 시기는 학령기입니다. 4~7세는 공부를 잘하기 위해 자기의 욕구를 표현하고, 열심히 움직이고, 새로운 규칙을 배워 가고, 규칙을 잘 지키고 작은 성취를 쌓으면서 긍정 경험을 마련해서 학령기를 원만하게 받아들일 수 있도록 준비하는 시기입니다. 주객이 전도되면, 아이의 발달은 주춤해집니다.

캐릭터에 빠져 사는 아이, 괜찮을까?

세상에 캐릭터는 어쩌면 그리도 많을까요. 아이의 연령에 따라 좋아하는 캐릭터 세계가 다르고, 한 세계 안에 등장하는 친구들도 다양한데 아이들이 그 캐릭터들 이름을 줄줄 읊는 것을 보면 신기합니다.

너무 폭력적인 캐릭터여서 아이가 모방하기에 부적절한 표현이 자주 나오거나, 캐릭터 상품이 과하게 비싸고 다양해서 아이가 원하는 대로 제공해 줄 수 없는 것은 캐릭터에 대한 호불호를 떠나 양육의 측면에서 부모의 한계 설정이 필요한 부분입니다. 자극적인 표현이 나오는 캐릭터 영상을 보여 주지 않거나, 아무리 좋아하는 캐릭터 제품이라도 원할 때마다 사줄 수 없다는 것을 알려 주어야 하죠.

아이가 캐릭터를 너무 좋아하는 것, 빠져 사는 것 자체는 어떻게 보아야 할까요? 이 시기의 아이들이 내적 환상에 기반한 거짓말을 하기 시작하는 것과 비슷한 맥락에서 볼 수 있습니다. 캐릭터를 통해 판타지를 실현하고 있는 것이죠. 학령기 이전의 아이는 판타지가 많습니다. 시나리오를 엄청 다양하게 씁니다. 책에서 보고 경험한 일 외의 것들을 덧붙이면서 자기만의 환상 세계를 만들어 갑니다. 여기에 논리 구조는 없고 자기 욕구에 기반한 내용이 많죠.

인지과학자 피아제의 사고 발달 이론에 따르면 만 7세가 되면 구체적 조작기에 들어갑니다. 이 말은 현실에서 벌어지는 일의 인과관계를 이해할 수 있게 된다는 것입니다. A가 B를 일으키고, B가 C를 일으키면 A는 C의 근원이 된다는 논리적 구조를 이해합니다. 그러면서 이전까지 가득하던 판타지가 급속하게 사라지게 됩니다. 게다가 학령기에 접어들면서 아이의 관심은 '적응'으로 몰립니다. 새로운 친구를 사귀고 낯선 환경에 적응하고 선생님께 잘 보이기 위해 노력하는 등 적응이라는 과제가 강한 압박을 주기 때문에 생각의 방향이 쏠리는 것입니다. 가정과 학교에서도 '학생답게, 학생이니까, 학생으로서'라는 라벨링을 붙이면서 아이를 그 방향으로 안내하려고 하고요.

그러면 4~7세에 경험한 판타지는 학령기에 사라지는 것일까요? 겉으로, 물리적으로 드러나지 않지만 무의식에 가라앉습니다. 4~7세에 판타지와 생각의 방향이 다져지면, 그 위에 학령기의 경험이 차곡차곡 쌓입니다.

아이들이 어릴 때는 남아와 여아가 좋아하는 캐릭터가 섞이기도 하는데, 클수록 기호가 구분됩니다. 모든 아이가 그렇지는 않지만, 주로 여자아이들은 공주 캐릭터처럼 화려하고 예쁜 모습, 마법을 부리면서 정의를 찾는 내용의 캐릭터를 선호합니다. 남자아이들은 힘이 세고 강한 캐릭터가 악당과 싸워서 이기고 진화하는 등등의 내용을 선호하죠. 인기있는 만화 캐릭터들은 아이들의 무의식적 욕구를 잘 담고 있습니다.

아이들만 그럴까요. 슈퍼맨, 배트맨, 아이언맨, 헐크, 원더우먼과 같은 캐릭터에 관심을 가지는 어른들에게 문제가 있다고 지적하는 경우는 없습니다. 어렸을 적 경험한 판타지가 잠재되어 있다가 새롭게 건드려지는 과정을 경험하는 것이죠. 악당을 물리치는 영웅적인 존재에 대한 판타지를 누구나 한 번쯤 생각해 봤기 때문입니다. 그래서 캐릭터를 통해 권선징악의 스토리를 배우고, 때로는 약하고 귀여웠던 캐릭터가 진화해서 더 강한 캐릭터가 되는 모습을 보면서 희열을 느끼는 과정을 부정적으로 볼 필요는 없습니다.

캐릭터를 통해 발산되는 감정들도 있습니다. 현실에서 표현되지 못하도록 통제되고 있거나 억제된 것이 표현되고 구현되는 것이 캐릭터입니다. 아이가 자라면서 공격성이나 파괴 본능을 함부로 드러낼 수 없다는 것을 학습하죠. 하지만 캐릭터는 이를 시원하게 구현합니다. 캐릭터를 통해 그 감정이 해소되는 기분이 들 것입니다.

비슷한 예로, 아이가 평소에는 밝은데 그림으로 표현되는 내용은 어둡고 때리고 부수는 내용만 담고 있어서 걱정이라는 부모도 있습니다. 내 아이의 내면에 불안이 있는 걸까, 부정적인 감정이 가득한 것은 아닐까 걱정되는 것이죠. 그런데 이것도 여러 갈래에서 들여다보아야 합니다. 우선은 내면이 어두워서라기보다 4~7세의 아이가 가진 판타지 투영의 특징으로 해석하는 것이 일반적입니다. 물론 판타지라고 해도 왜 늘 공격적인지, 파괴적인지 이 기회를 통해 아이 일상을 관찰하는 기회로 삼는 정도면 됩니다. 대부분은 심각하게 다룰 문제는 아닙니다. 자기 판타지가 투영된 캐릭터나 그림이 공격적이라고 해서 내 아이가 그런 마음일 것이라고 일대일로 해석하지는 말아야 한다는 것입니다. 무의식은 다면적, 다층적입니다. 그중에서 일부, 즉 일시적이고 부분적으로 단순히 재미있어서 나오는 반응일 수 있습니다.

때로는 또래관계에 따라 그런 반응이 나오기도 합니다. 친구들 사이에서 유행하거나 자신이 좋아하거나 친한 친구가 특정 캐릭터를 좋아하면 그 주제를 가지고 대화하고 놀기 위해 따라서 좋아하기도 합니다. 다만 이런 경우에는 그다지 집착하지는 않습니다. 놀이로 표현하고 활동할 정도로 보입니다.

캐릭터에 집착할 정도로 빠져 있다면 또래와의 관계가 원활하지 못한 경우일 수도 있습니다. 현실적인 관계가 취약하면 판타지로 많이 빠집니다. 단순한 놀잇감으로 쓰는 것이 아니라 캐릭터에 빠져서 혼자 하는 활동이 더 많아지고 그런 경험이 더 강화된다면 걱정되는 부분이 있을 수 있습니다. 또래 친구와의 만남을 통해 사회성을 기르고 정서 지능을 길러야 하는 시기인 만큼 아이의 행동 패턴을 관찰해 캐릭터를 놀이의 도구로 이용하는 정도 이상으로 빠져든다면, 오히려 외부 활동을 방해하므로 주의가 필요합니다.

특히 기질이 내향적이고 몰입형 아이라면 현실적인 놀이를 강화해 주면 도움이 됩니다. 친구나 친척, 동네 커뮤니티나 교회, 성당 등에서의 모임을 적극 활용해서 또래와 어울리는 시간을 정기적으로 마련해주는 부모의 노력이 필요할 수 있습니다.

PART 5

공부 마라톤을 달릴 수 있는 힘, 지능을 실행하는 뇌

CHAP 12. 지능과 지능지수에 대한 이해

똑똑한 뇌의 핵심, 실행 기능

'똑똑하다'라는 말을 '지능이 좋다'라고 이해하는 경우가 많은데요. 지능이란 무엇일까요? 문제를 해결하기 위해 합리적으로 사고하는 인지 능력을 말합니다. 문제를 해결하는 능력과 해결하기 위한 정보, 지식을 습득하는 학습 능력이 포함됩니다. 그렇다면 지능이 좋은 아이는 '똑똑하다'라고 할 수 있을까요? 저는 지능이 높은 것보다 가지고 있는 지능을 어떻게 꺼내어 쓰는가, 가진 정보들을 어떻게 연결할 것인가 하는 실행 능력이 '똑똑하다'는 말의 핵심 의미라고 생각합니다. 아무리 좋은 장비를 가지고 있어도, 꺼내 쓰지 않고 창고에 고이 놓아 둔다면 결국 녹슬고 말 테니까요.

지능은 양쪽 부모의 유전적 영향을 받는 비율이 60~70%, 경험에 의해 길러지는 것이 30~40%입니다. 이는 키의 경우와 비슷합니다.

유전적 요인을 물려받아 타고난 요인이 크지만, 얼마나 잘 먹고 잘 자느냐, 영양이 충분하게 주어지고 충분하게 활동하는가 하는 환경의 영향에 따라 키의 성장 결과는 완전히 달라집니다.

"결국 똑똑한 아이는 태어날 때부터 결정되는 것인가요?"

우리가 머리가 좋다고 말할 때 어느 쪽에 중점을 두느냐에 따라서 답은 달라질 수 있을 것 같습니다. 예를 들어 엄마가 피아니스트라면, 엄마의 뇌 기능에서 음악을 듣고 악기를 다루는 부분이 뛰어나게 발달했을 것이고, 자녀도 유전적으로 이러한 소양을 타고났을 수 있습니다.

그런데 이것이 끝이 아닙니다. 아이가 음악적 소양을 타고났지만, 정작 태어나서 엄마가 피아노 치는 모습을 보지 못했거나 자신이 악기를 만질 기회조차 없었다면 아이는 자신의 능력을 알지 못한 채 성장할 수 있습니다. 하지만 아이가 어려서부터 엄마가 피아노를 치는 모습을 보고 들으면서 자랐다면 음감, 강약, 박자, 조화에 대한 감각이 계속해서 자극되고, 아이에게 악기를 다룰 기회가 자주 마련되어 시·지각 협응 능력이 자극되면 점차 악기를 잘 다루게 될 확률이 높습니다.

운동, 미술, 과학, 문학, 수학 모두 마찬가지입니다. 지능은 유전 요인이 매우 높지만 타고난 소양에 충분한 경험이 더해져야 그것이 발휘됩니다. 주양육자인 부모의 관심사나 직업이 아이에게 큰 영향을 미치는 것은 이러한 이유 때문입니다.

지능과 조금 다른 영역이지만, 후천적인 환경에 의해 다루어져야 할 부분이라는 점에서 비슷한 것이 있습니다. 기질입니다. 내성적이고 내향적인 기질이라고 해도 부모의 양육 방식과 주변의 가르침을 통해 기질을 어떻게 다루는지 계속해서 배우면, 자라면서 자기표현을 잘하고 사회성을 발휘하는 데 불편이 없을 정도로 제 역할을 해낼 수 있게 됩니다. 예민한 기질이라고 해도 그 기질을 어떻게 다루느냐에 따라 성인이 되었을 때 남다른 관점과 관찰력, 경험을 강점으로 적용할 수도 있죠.

결국 기질이나 지능처럼 타고나는 능력은 살아가면서 100% 동일하게 유지되지 않습니다. 사회적 동물인 인간은 여러 사람을 만나 상호작용하면서 서로 배우고 자신을 지켜나가는 방법을 끊임없이 학습해 나가기 때문입니다.

그러니 똑똑한 아이가 유전적으로 타고난다는 것은 어느 정도 맞는 말이기도 하지만, 똑똑함의 기준과 분야를 어디에 두느냐, 어떤 환경에 놓이느냐에 따라 변수가 많다고 할 수 있습니다. 결국 구체적이고 반복적인 연습을 통해 길러지는 측면이 높은 것이죠.

일반적으로 '똑똑한 뇌' '전체 뇌를 총괄하는 뇌'를 이야기할 때 전두엽의 기능을 주요하게 다룹니다. 그런데 전두엽은 수학이나 음악, 운동을 잘하게 하는 개별적인 어떤 능력을 관장하는 기능을 담당하지 않습니다. 그보다 뇌의 각 능력을 조절하고 통합하여 어떤 방향으로 발달할지 정하는 선장과 같은 역할을 하고 있을 뿐입니다. 그런데 왜 '똑똑한 뇌'를 말할 때 전두엽의 기능을 꼽을까요? 가지고 있는 능력을 어떤 방향으로 발달시킬지 어떻게 사용할지 결정하고, 나아가 감정의 뇌와 연결하여 그 방향대로 가겠다고 마음먹게 하는 동기를 자극하기 때문입니다. 아무리 잠재된 능력이 뛰어나도, 하기 싫어서 그 방향으로 가지 않으면 그 능력을 발달시킬 수 없고 써먹을 수 없기 때문에 동기를 자극하는 것도 뇌 발달에 아주 중요한 기반이 됩니다. 그래서 좋은 지능을 타고났어도, 뇌의 각 부위가 가진 능력들을 통합해서 꺼내어 써 줄 전두엽이 발달하지 못하면 그 능력이 결국 녹슬게 될 수 있습니다.

뇌는 감정과 정서, 예술, 인지, 기억, 운동 감각을 담당하는 뇌가 각각 존재하지만, 이들은 모두 유기적으로 연결되어서 콘트롤타워 역할을 하는 전두엽의 지휘에 따라 서로 영향을 주고받으면서 발달합니다. 물론 조정 기능도 전두엽만 관장하지 않습니다. 전두엽이 80%를 담당하고 측두엽, 두정엽, 소뇌 각 일부가 20% 정도의 남은 통합 및 조정 기능을 담당하죠.

부모가 자녀의 똑똑한 뇌를 위해 할 수 있는 것, 다루어야 할 것은 분명합니다. 아이의 반응에 맞추어 아이가 가진 능력이 발현될 기회를 다양하고 충분하게 마련하는 것입니다. 지능이 높은가 낮은가를 따지는 것이 아니라 실행 기능을 잘 키우도록 안내해야 합니다.

실행 기능을 중심으로 양육하는 것이 우리 아이의 뇌 발달과 성장에 중요한 이유를 정리해 보면, 첫 번째로 실행 기능은 뇌의 각 기능을 통합해서 어떠한 방향으로 사용할 것인가를 결정합니다. 두 번째로 실행 기능은 인지의 뇌를 감정의 뇌와 연결시켜서 어떤 일을 해내야겠다는 동기와 욕구를 결정합니다.

여기서 우선 주목하고자 하는 부분은 뇌를 어떠한 방향으로 사용할 것인가를 결정하는 내용입니다. 만약 아이의 정서 발달과 에너지 발산을 후순위로 미루고, 실행 기능 발달을 뒤로하고, 학습을 준비하거나 특정 능력을 발달시키는 것에만 집중한다면 어떨까요? 뇌 자체가 가지고 있는 역량은 좋은데 그 능력을 사용하는 방향성이 잘못 지정될 수 있습니다. 머리가 뛰어나고 정보를 정말 빨리 습득하는데, 그것을 다른 사람을 괴롭히거나 자기 이익만 추구하는 방향으로 사용하는 사람이 있습니다. 극단적으로 표현하면, 뇌 디자인이 굉장히 잘된 사기꾼과 같습니다. 자신의 뛰어난 능력을 상대의 약점을 잡아 무너뜨리고 자신이 성공하는 데 이용하는 경우죠.

역량이 뛰어난 데다 방향 설정도 바르게 되어 있다면 자신의 능력을 좀 더 타인에게 도움이 되는 쪽으로, 사회 문제를 개선하는 방향으로 쓰려고 할 것입니다. 그러기 위해 자신의 지식을 더 채우려 노력하고, 그렇게 해서 얻은 역량 강화로 사회에도 도움을 주면서 자신도 인정과 존경을 받는 선순환 구조가 이루어집니다. 이렇게 자신이 가진 능력의 사용 방향을 정하는 것이 전두엽이고, 전두엽의 핵심 기능이 바로 실행 기능입니다.

뇌를 잘 사용하는 기반을 마련하는 4~7세

4~7세는 실행 기능이 본격적으로 발달하는 시기는 아닙니다. 뇌가 가진 각 기능을 통합하려면 우선 뇌의 각 기능이 충분히 발달해야 하는데, 4~7세는 아직 뇌의 각 구성 요소가 발달하는 과정에 있습니다. 다만 7세 정도가 되면 어느 정도 발달한 기능들을 통합하려는 전두엽의 실행 기능이 조금씩 발현되기 시작합니다.

실행 기능이 싹트기 시작하면 20대 초반까지 줄기를 만들고 뿌리를 깊이 내려서 구체적인 능력으로 발휘하게 만듭니다. 뇌의 각 역량을 키우는 것과 더불어 실행 기능이 잘 발달할 환경을 마련했다면, 사춘기를 지나 20대가 되면서 자신의 역량을 파악하고 그것을 어떠한 방향으로 사용할 것인가 하는 진로와 비전에 대해 그림을 그릴 수 있게 되는 것입니다. 20대에 실행 기능이 최고조를 이루기 위해, 10대 사춘기의 전두엽은 불필요한 부분을 가지치기하고 주요한 라인을 강화하면서 정교화하는 과정을 지나게 됩니다.

그런데 10대에 전두엽이 가지치기하는 과정, 전두엽이 재구조화되는 기준이 바로 7세 무렵부터의 경험들입니다. 대인관계, 학습 경험, 부모와의 사이에서 겪은 정서의 문제 등 다양한 경험이 모두 쌓여서 어떻게 자신의 욕구와 방향성을 다듬을지 전두엽이 스케치를 하게 됩니다. 이후 성장하면서 그 스케치를 그린 방향성을 따라 과학, 미술, 연주, 정치, 사회시스템 등등 개개인만의 특화된 역량을 최적화할 수 있도록 뇌의 네트워크가 통합적으로 발전하게 되죠.

지능의 핵심인 실행 기능을 만드는 데 있어서 4~7세는 아직 결정적 영향을 주지 못하지만, 그럼에도 저는 이 시기를 아주 중요하게 주목합니다. '4~7세는 최소한 악당이 되지 않게 만들어 주는 시기'라고 생각하기 때문입니다. 조금 강하게 표현되어서 부담스럽게 읽힐 수도 있지만, 저는 이 시기의 여러 경험이 무의식을 형성하게 되고, 이것이 이후부터 이루어질 실행 기능의 방향을 설정하는 데 있어서 큰 영향을 미친다고 봅니다.

4~7세는 내가 가진 욕구를 어떻게 조화롭게 사용할 것인가를 배우는 시기입니다. 그것이 '자기 조절 능력'입니다. 4세부터 본격적으로 부모의 훈육에 따라 가정의 규칙을 배우고, 어린이집과 유치원 등의 기관을 통해 사회 규칙과 사회적 관계 설정 방향도 배워 갑니다. 약속을 지키는 것이 필요하고, 그것을 지켜야 안전하다는 것을 경험하면서 아이는 사회 집단의 룰과 자신의 행동 방향을 인식하고 조절하게 됩니다.

또한 아이는 부모의 훈육 방향, 어린이집과 유치원에서 경험하는 상과 벌의 보상체계에 따라 자신의 행동 방향을 선택해 나가게 되는데, 특히 벌보다는 상을 받는 방향으로 자기 행동을 조절해 나갑니다. 인정받고 싶은 마음이 본능적으로 작용하기 때문입니다.

자기주도적 욕구가 올라오는 시기이고 인지 능력이 발달하기 때문에, 자신에게 주어지는 제재를 판단할 수 있기도 합니다. 긍정적인 피드백보다 부정적 피드백이 쌓이고 제재를 많이 받는 아이일수록 자기 욕구가 매번 좌절되고 통제를 당하는 것이 거추장스럽고 피곤하고 압박받는 듯한 느낌이 쌓여, 자신에게 주어지는 규칙, 룰, 안내를 지켜야 한다는 것을 부정적이고 반항적으로 받아들일 수 있습니다. '이것도 안 된다고?' 하면서 규범, 약속은 다 싫다는 마음이 자리잡는 것이죠.

"내 아이가 악당이 될 리가 없잖아요. 당연히 좋은 방향으로 잘 크겠죠."

대부분의 부모는 이렇게 생각하지요. 그래서 4~7세 아이들을 양육하는 데 있어서 정서나 동기의 부분, 자기주도성·훈육·자율성의 조화 부분을 간과하는 경우가 많습니다. 그것보다 학령기에 필요한 학습적 부분을 더 중요시하고 거기에 집중하는 경향이 높죠. 그런데 전자가 선행되어야 후자의 노력이 빛을 발합니다. 지반을 단단히 다지고 건물을 짓느냐, 빨리 건물을 올리기에 급급하느냐의 문제입니다.

4~7세의 경험이 학령기 이후 지능 발달이나 행동 지침에 있어서 표가 나게 드러나지는 않습니다. 하지만 무의식에 자리잡고 있죠. 부모라면 내 자녀가 '규칙을 지키면 친구들과 더 재미있게 놀 수 있어'(자기조절) '실패해도 다시 하면 돼'(회복탄력성) '난 내가 잘하는 게 있어'(자기긍정감) '친구가 속상해하는 모습을 보면 나도 속상해'(공감능력) 등등의 긍정적 사고방식을 가지고 살아가길 원할 것입니다. 이러한 생각이 인생을 살아가면서 부딪힐 학업, 관계, 경쟁, 진로 등등의

과업을 무난하게 수행할 자양분이 되기 때문입니다.

그런데 만약 이 시기에 생각의 방향이 부정적인 쪽으로 자리잡히면 어떻게 될까요? '무조건 내가 이겨야 해!' '내가 다 잘해야지!' '공부도 못하는 게!' '친구가 다치든 말든 무조건 내가 먼저야!' 등등 자기중심적인 사고에서 벗어나지 못한다면 어떨까요? 학령기 이후부터 뿌리를 내려갈 실행 기능이 건강하지 않은 방향으로 반응할 수 있습니다. 특히 한 교실에서 여러 친구와 오랜 시간을 함께 보내는 학령기에 자기중심적 행동과 이기심은 여러 갈등을 일으킬 수 있습니다. 규칙을 어기거나, 학교 내 교우 관계에서 학교 폭력 등의 문제를 일으키거나, 수업 시간에 방해되는 행동을 할 수도 있습니다. 승패와 성적이 갈리는 여러 경험을 할 때마다 좌절을 감당하지 못하고 힘겨워할 수도 있습니다. 미래 세대에게 요구되는 자질인 인성, 정서적 안정감, 끈기와 같은 성격과 성품을 기대하기가 점점 더 어려워질 것이고, 사회적으로 좋은 평가를 받을 수 없습니다. 무의식의 레벨에 있기 때문에 잠재된 문제를 꺼내어 의식화하기도 어렵죠. 사실상 방향키를 전환하기가 어려운 것입니다. 그때 가서 아이의 생각을 바로잡으려 한다면, 이미 사고의 흐름에 길이 만들어진 아이가 부모나 교사의 말을 들으려고 하지 않아 힘겨워집니다.

뇌의 실행 기능 키우는 부모, 학습 능력에 집중하는 부모

4~7세의 경험이 무의식에 자리잡힌다는 것, 그래서 무리한 학습

의 과정으로 아이의 건강한 자의식과 사고를 형성하는 데 방해받지 않도록 점검해야 한다는 내용은 부모로서 소화하기 어렵고 무거운 메시지일 수 있습니다. 그러나 우리가 '학령기'라는 과업에 들어가기 전, 가장 우선해야 할 양육의 방향을 반드시 짚고 넘어가야 합니다. 그것이 부모가 원하는 '똑똑한 뇌'를 만들어 주기 위한 과정이기도 합니다.

여기서 부모의 양육 방향을 점검하자는 것은, 아이들이 독립하기 전까지 가장 의존하고 의지하는 대상이 부모이기 때문입니다. 부모를 통해 가장 많은 것을 배우고, 부모와의 관계를 통해 사회로 나아갈 자양분을 키우기 때문입니다.

물론 인간은 부모뿐 아니라 다양한 관계 속에서 영향을 받으며 자랍니다. 인간은 혼자 살지 않기 때문에 서로 에너지를 주고받으며 살도록 디자인되어 있습니다. 인간의 뇌 70%가 사회성 관련 뇌 부위social brain로 잡힌 이유입니다. 특히 전두엽은 사회적 맥락에 맞게 살아가도록 디자인되어 있어서, 인지나 정서, 다양한 능력이 통합되어 사회 적응에 활용되도록 방향이 설정됩니다. 결코 비인간적인 방향으로 설정되어 있지 않습니다. 아이가 가진 에너지를 거스르지 않고 타고난 능력과 욕구를 잘 따라가게만 해도 성공입니다.

부모의 양육 방향을 점검하는 것은 중요하지만, 한편으로는 그 무게에 너무 짓눌리지는 않았으면 합니다. 부모의 역할을 너무 무겁게 생각해서 부모가 다 만들어 주어야 한다고 생각하면 오히려 그 방향이 잘못될 여지가 많습니다.

특히 4~7세의 양육에서 가장 많이 하는 실수는, 아이의 실행 기능 발달 과정과 맞지 않게 부모가 아이의 학습 기능 발달에 욕심을 내는 것이라고 봅니다. 부모는 분명 자녀의 미래와 진로를 위해 많은 고민을 하고 한 인간으로서 건강하게 자라도록 안내하는 역할을 담당하지만, 내 아이가 가진 욕구와 발달의 방향을 역행해서 적용한다면 오히려 아이가 가진 힘을 꺾을 수 있습니다.

아이가 걸음마를 배울 때를 떠올려 보세요. 어떤 아이는 걸음마를 또래보다 빨리 시작하기도 하고, 어떤 아이는 조금 더디기도 합니다. 그렇다고 해서 아이에게 빨리 걸으라고 재촉할 수 없습니다. 걸음마를 하기 위해 대근육과 소근육이 발달하고 전정기능과 균형감각이 발달해야 합니다. 그리고 걸어야겠다는 아이의 동기가 있어야 합니다.

이때 부모가 할 수 있는 것은 아이의 의지와 노력에 박수를 보내는 것입니다. 아이가 좀 더 그 과정을 수월하게 해낼 수 있도록 발등에 올려서 걸음마를 시키기도 합니다. 하지만 빨리 걷게 하려고 온종일 걸음마 연습을 시킬 수는 없죠. 아이가 받아들이고 할 수 있을 만큼의 도움만 제공할 뿐입니다. 아이가 걸음마를 연습하다가 다치지 않도록 주변을 정리하고, 건강한 신체 발달이 이루어지도록 잠자리, 먹거리, 놀잇거리를 신경 씁니다.

저는 4~7세의 양육도 이와 같이 아이의 힘을 믿어 주는 방향으로 진행했으면 합니다. 물론 행동반경과 관계의 범위가 넓어지면서 부모가 제시하는 안전을 위한 지침은 점점 더 늘어납니다. 그 지침은 반드시 지켜야 하기에 훈육이라는 과정을 통해 아이가 받아들일 수 있을 때까지 반복해서 알려 주어야 합니다. 그러나 그 외의 것에 대해서는 아이의 발달 반응을 좀 더 세심하게 관찰하고 그 반응을 따라가 주는 식이었으면 합니다. 부모가 틀을 만들어 놓고 아이를 데려오기보다, 아이가 만들고 키워 가는 틀을 지지해 주는 것이 뇌 발달상 훨씬 더 긍정적이기 때문입니다. 정서 지능을 키우는 데 있어서, 해내는 힘을 키우는 데 있어서, 사회성을 기르는 데 있어서도 그렇습니다.

가장 좋은 양육은 흐름을 역행하지 않는 것입니다. 인간의 뇌는 발달에 필요한 욕구와 활동을 표현하라고 신호를 보냅니다. 아이를 많이 관찰하는 것, 아이의 욕구를 충분히 받아 주는 것을 강조하는 이유입니다. 아이는 이미 자기 발달에 필요한 신호를 충분히 내보내고 있습니다. 이때 아이를 통제해야 하는 범위는 너무 뾰족하게 튀어나온 가시를 제거하는 정도여야 합니다. 그 가시가 남을 찌를 수 있고 자신을 찌를 수도 있기 때문에 그 가시를 제거하면 됩니다. 그런데 가시만 제거하면 될 일을 몸통을 자르려고 하면 문제가 생깁니다. 심지어 동그라미, 세모, 네모 등 부모가 원하는 모양으로 아이를 일찍부터 만들려고 하죠. 그러면 피가 납니다.

통제적, 갈등적, 권위적 양육에 대한 부정적인 견해가 많은 이유입니다. 부모가 자녀에게 훈육을 넘어 과도한 통제와 위협을 하기 시작하면, 그 순간에는 아이의 조절 능력이 발휘되는 것처럼 보이지만 사실 아이의 고유 능력을 키우는 데 방해가 되는 경우가 더 많습니다. 아이는 자기가 가진 고유의 특성과 강점을 관심사로 표현하고 싶어 하는데, 이러한 표현을 억압받고 발휘하지 못하면 좌절이 쌓입니다. 좌절은 부정적 경험으로 쌓이고, 부정적 경험은 타인에 대한 불신으로까지 이어질 뿐 아니라 자기 자신을 바라보는 시각도 부정적으로 되어서 자존감이 낮아지게 만듭니다.

특히 문제 행동이 많아 보이는 아이를 대할 때 더욱 그러한 부모 반응이 나올 수 있습니다. 아이의 모든 행동이 문제로 보이는 것입니다. 늦게 일어나고 밥을 늦게 먹고 준비가 더뎌서 부모가 재촉하면 짜증을 내는 모습이 다 부정적으로 해석됩니다. 감정 표현이 미숙해서 부정적 감정을 더 많이 쏟아내는 아이나, 친구와의 놀이 과정에서 원만한 대화가 어려운 아이는 통제를 더 받게 됩니다. 행동이 과격해서 놀이 규칙을 잘 지키지 못하고 자기주장이 과도하게 강하면 지적받기 쉽습니다. 그러면 아이는 매사에 지적을 받으면서 분노가 많아지고 부모에 대한 미움이 생길 수 있죠. 아이의 반응은 점점 더 부정적으로 나올 수밖에 없습니다. 보상과 벌이라는 지침 중에서 보상에 대한 반응이 아이가 자신을 바꾸고자 하는 동기가 된다고 말한 바 있습니다. 그래서 다루기 어려운 아이일수록 아이의 긍정 행동에 더 크게 반응하고 칭찬과 격려라는 보상을 통해 그 행동을 강화하도록 안내해 주는 것이 필요합니다.

통제의 범위는 아이 주변에 위험을 초래하지 않는 선이면 됩니다. 아이가 내면적 욕구를 발휘하고 판타지를 확장할 때 내 아이다운 모습을 갖출 수 있습니다. 물론 아이의 시야가 협소하므로 아이의 관심사에 부모가 가진 정보를 슬쩍 제시할 수 있겠죠. 잔디만 보는 아이에게 공원을 소개하고, 연못만 보던 아이에게 바다를 보여 주듯 시야를 넓힐 수 있게 해주면 됩니다.

그러나 정보를 제공하는 과정에 강제성이 부여되거나 통제 범위가 넓어진다면 문제가 됩니다. 강한 욕구, 감정을 표현하는 것은 부정적인 문제가 아닙니다. 표현 자체는 인정해 주어야 아이가 가능성을 펼치고, 원하는 방향을 자신감 있게 선택하고, 그 선택이 자기 능력 및 욕구와 맞아떨어졌을 때의 성취감으로 더욱 고취되어서 행복을 느낄 수 있게 됩니다. 물론 아이는 미숙해서 좌절하고 아이가 선택한 방향이 잘못되고 실수할 수 있지만, 아이는 자신이 선택해서 실패하는 것에 대해서는 다시 시도해서 문제를 해결할 방법을 찾는 방향으로 작동합니다.

가장 나쁜 것은 남 탓을 하게 되는 것입니다. 자기가 선택하지 않은 일, 일방적으로 주어진 일에서 실패했을 때, 아이는 자신이 경험하는 부정적 감정을 엄마 때문에, 아빠 때문에, 선생님 때문에, 친구 때문에 등등 타인의 탓으로 돌리기 쉽습니다. 자기가 선택한 일이 아닌데 부정적인 경험까지 했으니까요. 그러면 아이는 그 과정에서 배우는 것이 없습니다. 이렇게 원망이 커지면 주변뿐 아니라 자기 자신도 신뢰하지 못합니다. 누군가를 미워하는 마음을 가질 때 가장 힘들어지는 것은 미움받는 대상이 아니라 바로 자기 자신입니다. 부정적인 감정이 결국 자신을 갉아 먹습니다. 믿을 사람, 의지할 사람, 자기를 알아주는 사람이 없다고 생각해 외롭다고 생각하게 됩니다. 이것이 자기비하입니다.

아이의 발달 방향을 역행하지 않는 것이 포인트입니다. 특히 학령기에 대한 걱정으로 미리부터 학습의 부담을 지우려고 하다가 갈등이 일어나는 경우가 많습니다. 4~7세 사이의 학습 실력이 결코 학령기 이후의 실력으로 이어진다고 보장할 수 없습니다. 오히려 부정적인 정서가 저변에 자리잡혀 내 아이의 타고난 능력, 자아존중감까지 손상을 줄 수 있습니다. 아이의 반응을 늘 세밀하게 관찰하세요. 학습에 대한 부담이 부모와의 갈등으로 이어진다면, 학령기 이후에 본격적으로 쌓여야 할 수많은 지식과 경험이 안정적으로 자리잡기 어려울 수 있습니다.

가장 자연스러운 '머리쓰기'는 놀이

"아무리 놀이가 중요하다고 해도, 숫자도 좀 알고 글자도 좀 알아야 하는 것 아닐까요?"

'놀이는 머리를 쓰지 않는 것'이라는 어른들의 오해를 풀어야, 아이의 발달 반응을 믿고 제대로 된 환경을 제공할 수 있게 될 것 같습니다. 어른들이 보기에는 아이들의 놀이가 '아무 생각 없이 뛰어다니는 것' '시끄럽게 쓸데없이 떠드는 것'이라고 생각하기 쉽지만, 아이들이 온종일 아무 생각 없이 뛰어다니기만 하면서 놀지 않습니다. 술래잡기를 하면서 공간의 제약을 이기기 위해 자기들만의 규칙을 만들고, 공놀이를 하면서 초보자인 동생을 위한 배려도 제시합니다. 팀을 맺고 전략을 세우고, 자연 관찰, 캐릭터 놀이, 블록 조립, 보드게임, 퍼즐 맞추기, 숨은 그림 찾기, 다른 그림 찾기, 오목 등등을 하면서 상대방의 약점을 찾거나 더 빠른 승부를 위해 노력합니다. 이러한 놀이의 내용은 어떤가요. 그 안에 전략, 맥락 파악, 수학적 구조, 도덕률, 주장을 위한 논리적 사고 표현 등 여러 도구가 다양하게 담깁니다.

국어, 수학, 영어를 학습의 차원에서 접근하는 것은 초등학교부터 시작해도 늦지 않다는 것이 제 생각입니다. 4~7세는 구체적인 학습보다 각 과목에 대한 호기심을 자극하는 정도여야 오히려 학령기가 되어서 본격적인 학습을 더 잘 습득할 수 있게 된다고 봅니다.

어린이집이나 유치원에서의 교육과정이 미래의 학습 과정에 큰 영향을 미칠 것 같지만, 그 기억은 쉽게 사라집니다. 그 경험에서의 감정이 무의식으로 남을 뿐입니다. 이 시기에 세운 학습적 논리 구조는 모래성 같아서 쉽게 없어지지만, 학습을 시키는 과정에서 부모와 아이가 갈등을 겪어 관계가 멀어지거나 불만이 쌓이면 아이 내면에 반항, 분노, 교육 내용에 대한 부정, 선생님에 대한 불만이 쌓이고,

이는 쉽게 잊히지 않고 결국 자기 자신에 대한 부정적 정서로까지 이어지기 쉽습니다.

시야를 넓혀 주고 호기심을 자극하는 정도의 학습은 제공할 수 있을 것입니다. 세상에는 다양한 나라가 있고, 그 사람들과 만나서 대화하려면 여러 언어를 배워야 한다고 알려줄 수 있습니다. 캐릭터를 좋아하는 친구에게 세상에 다양한 캐릭터가 있고, 그 친구들은 서로 다른 언어로 자기 생각을 표현하기 때문에 서로 다른 말과 문화를 배우면 더 좋다는 식으로 설명해 줄 수도 있습니다. 표지판에 그림과 기호로 중요한 내용을 전달하듯, 우리가 세상을 살아갈 때 다양한 기호가 있는데 글자나 숫자, 그림이 모두 그러한 기호라고 설명할 수 있습니다. 원하는 물건은 돈을 내고 사야 하는데, 그러려면 숫자를 알아야 하고 내가 가지고 있는 금액으로 살 수 있는지 비교해야 한다고 알려줄 수 있습니다. 사람들이 자기가 알고 있는 지식을 글자로 표현하는데, 우리나라에서는 한글로 쓰기 때문에 글자를 배우게 되면 더 많은 것을 배우고 알아갈 수 있다고 소개할 수 있습니다. 이렇게 세상의 다양함을 보여 주고 소개하는 것은 아이의 시야를 넓히는 기회가 되기도 합니다.

무의식/의식적인 판타지가 마음껏 발휘되면서 아이가 자기 호기심을 채우고 정서와 방향성을 발달시켜 가는 시기가 4~7세입니다. 부모가 볼 때는 아이의 놀이가 딴짓으로 보이지만 아이는 내면 세계를 확장하고 있습니다. 아이가 가진 세계관의 확장, 지향성의 요구를 진지하게 관찰해 보세요. 개입이나 판단, 가치로 재단하지 말고 있는 그대로 보아야 합니다. 1년간 살피라는 것이 아닙니다. 2~3주만 집중해서 살펴도 충분합니다. 아이가 무엇을 좋아하는지, 어떤 표현을 잘하는지, 문제 상황에서 어떻게 반응하는지 알아차릴 수 있습니다.

좀 더 추가해서 이야기한다면, 이때 아이를 관찰한 경험이 차후 아이가 성장해서 힘겨워할 때 도움을 줄 수도 있습니다. 4~7세에 음악을 듣거나 만화를 그리거나 가만히 누워서 멍 때리는 것을 좋아했는데, 학령기를 지나면서는 그런 모습을 잊고 지날 수 있습니다. 그런데 공부로 힘들어하거나 스트레스를 받는 아이에게 어릴 적 자신의 모습을 한 번씩 상기시켜 주면, 그것이 위로와 힐링의 탈출구가 되기도 합니다.

"너 예전에는 퍼즐 맞추는 거 엄청 좋아했잖아. 서점에 가니까 모양도 다양해졌더라고. 사다 줄까?"

이렇게 쓱 던져 주면 아이가 그 정보를 어떻게 수용할지 판단할 것입니다. 자기에 대한 좋은 기억을 떠올리는 것 자체로도 힘을 얻고, 그러한 대화에 담겨 있는 부모의 위로를 전달받을 수도 있습니다. 4~7세 자녀를 잘 관찰하는 것은 부모 입장에서 평생의 좋은 대화거리가 될 수 있습니다.

지능검사가 필요한 아이들

지능검사를 받으려는 이유를 물으면 상당수 부모가 "내 아이가 얼마나 똑똑한지 궁금해서요"라고 답합니다. 지능검사로 내 아이의 능력치를 잘 알 수 있을까요?

우리가 흔히 알고 있는 IQ(Intelligence Quotient)검사, 웩슬리지능검사, 풀배터리검사는 영재 판별을 위해 만들어진 도구가 아닙니다. 사회적으로 특별한 도움이 필요한, 지적 능력 발달에 문제가 있는 아이를 가려내기 위한 도구입니다. 지능지수의 평균은 100점인데, 100점 이상을 넘어가면 얼마나 똑똑한지를 판별하는 변별력은 그다지 크지 않다고 봅니다.

지능지수가 높다고 해서 내 아이가 공부를 잘할 것이라고 예측할 수도 없습니다. 이 책의 시작 부분에서 언급한 것처럼 똑똑한 뇌, 공부 잘하는 뇌가 되려면 학습의 앞뒤 맥락을 연결하고 이해하는 지적 능력, 학습한 내용을 잘 저장하는 기억 능력, 필요한 곳에 잘 꺼내어 쓸 수 있는 실행 능력, 그리고 학습할 의지를 키우고 학습한 내용을 제대로 사용하도록 안내할 동기가 골고루 발달해야 합니다. 따라서 아이의 수월성을 검증하기 위해 이러한 검사를 받고자 한다면, 추천하지 않습니다.

높은 아이큐를 가진 사람이 지지받고 지능지수가 중요한 것처럼 소개되면서 지능검사가 마케팅 요소로 활용되기도 하는데, 이러한 잘못된 정보 때문에 정작 검사가 필요한 아이들은 검사를 받지 않고, 검사를 받지 않아도 되는 아이들이 검사받는 상황이 된 듯합니다. 심지어 반복해서 받기도 하는데, 문제가 유형화되어 있기 때문에 1

년 내에 재검사를 받으면 문제 유형을 기억하는 아이가 당연히 점수를 더 잘 받게 됩니다. 이 점수를 지능이 더 좋아졌다는 기준으로 삼을 수는 없죠.

내 아이가 발달 단계를 잘 지나왔다면, 일상에서 해야 하는 각 기능을 적절하게 수행해 왔다면 굳이 지능검사를 권하지 않습니다. 그 결과를 가지고 오히려 아이에게 꼬리표처럼 아이큐 점수를 붙여서 판단하는 것이 좋지 않다고 생각합니다.

부모가 일상에서 아이와 함께 놀고, 잘 관찰하고, 잘 케어하는 것이 아이에게 필요한 학습 방향과 장·단점, 보완사항을 파악하는 데 훨씬 더 유용합니다. 게다가 지능은 타고나는 부분이 있기 때문에, 부모의 양육 방향은 지능검사로 아이를 라벨링하는 것보다 아이가 관심을 보이는 부분에 대한 지원과 응원을 통해 능동적으로 발달해 나가도록 적절한 환경을 마련하는 것이 되어야 합니다.

CHAP 13. 호기심이 만들어가는 질문하는 뇌

세상으로 나갈 준비, 호기심

학문의 발견이 언제 시작될까요? 자기만의 질문들을 발견할 때입니다. 아무리 많은 지식과 정보가 쌓여도, 나만의 관심사가 없다면 그저 다른 사람의 지식을 쫓아가기 바쁠 뿐이죠. 학습에서도 마찬가지입니다. 자기만의 질문이 생겼을 때, 스스로 그 질문의 답을 찾아 지식을 습득하고, 그렇게 습득한 지식에서 또 다른 질문을 끌어냅니다. 이렇게 들어온 정보는 쉽게 빠져나가지 못합니다. 진정한 공부가 이루어진 것이죠.

그렇다면 질문은 어떻게 시작될까요? 호기심에서 비롯됩니다. 호기심은 '발견'입니다. 낯선 것에 대한 두려움과 궁금증이 섞인 감정으로 다가오기도 하고, 익숙한 것에서 새로운 모습을 발견하기도 합니다. 그렇다면 호기심은 어떻게 키워 줄 수 있을까요?

호기심을 느끼는 것은 양육과 무관합니다. 부모가 호기심을 갖게 만들 수도 없고 뺏을 수도 없습니다. 호기심은 생물학적인 동력이기 때문입니다. 호기심의 시작은 위험한 것과 위험하지 않은 것, 좋은 것과 나쁜 것, 해를 주는 것과 해를 주지 않는 것을 탐색하는 생존과 연결된 활동입니다. 탐색하는 행동이 호기심의 원천이 되는 것입니다. 이는 자신을 지키기 위한 본능적인 반응이기 때문에 양육에 의해 만들어지지 않습니다.

그래서 호기심이 많은 아이로 성장하는 것이 좋다, 나쁘다라고 이야기하기는 어렵습니다. 이미 주어진 조건이고 공통적으로 가지고 있는 요소이기 때문입니다. 다만, 호기심이 인지 능력의 발달에 기여하기 위해서는 타고난 호기심을 의미 있는 질문으로 연결하는 과정으로 이어가야 합니다. 호기심을 질문으로 바꾸는 과정에서 인지 능력이 발달할 토대가 만들어지는 것이죠.

호기심이 타고난 것이라면, 세상에 태어난 신생아도 호기심을 가질까요? 네, 맞습니다. 이때의 호기심은 낯선 세상을 스캐닝하는 것으로 표현됩니다. 자신에게 익숙한 엄마 외의 대상과 환경을 모두 스캐닝하면서 적응해 나갑니다.

"왜 엄마뿐인가요? 아빠도 주양육자인데요?"

태아의 뇌에서 가장 먼저 성숙되어 기능을 완성하는 부분이 청각중추입니다. '소리'를 다루는 기능은 모태에서부터 거의 완성된 형태로 나옵니다. '시각'을 다루는 기능이 거의 발달하지 않은 상태로 태어나는 것과 정반대죠. 왜 그럴까요? 뱃속에서 엄마의 목소리를 듣기 때문입니다. 자신이 엄마와 접촉할 수 있는 유일한 도구가 청각이므로, 보이지 않고 만질 수는 없어도 청각을 통해 엄마의 목소리를 들으면서 청각중추가 자극되고, 자극을 받는 만큼 뇌가 더 빨리 발달하는 것입니다. 여기서 뇌가 발달한다는 것은 엄마라는 존재에 대해 안정감을 느끼는 '애착'을 경험하는 과정으로 연결됩니다. 애착은 이미 익숙한 존재를 통해 안정감을 느끼고, 이러한 안정된 존재로 인해 불안을 낮추어 낯선 세상에 적응할 기반을 마련하는 것입니다.

태아기부터 엄마의 목소리를 듣고 애착을 형성한다는 것을 증명한 실험이 있습니다. 신생아에게 엄마와 비슷한 연령대의 여성 목소리를 다수 들려주었습니다. 놀랍게도 아기는 다른 목소리에는 반응하지 않다가 엄마 목소리에만 반응하였습니다. 비슷한 톤과 억양의 목소리 중에서 엄마의 목소리를 구분할 만큼 청각이 잘 발달했다는 것입니다. 엄마를 알아보는 능력은 아이에게 생존과도 같은 요소니까요.

뱃속에서 아빠의 목소리도 자주 듣는데, 아빠와도 애착을 맺고 태어나지 않을까요? 태아는 아빠의 목소리도 분명히 듣습니다. 다른 목소리보다 자주 듣겠지만 엄마만큼 중요하게 여기지는 못합니다. 가장 많이 듣고 반응한 대상이 엄마이기에 그렇게 축적된 경험을 넘어서기는 어렵죠. 그래서 아기는 세상에 태어나서 엄마를 만났을 때

낯설어하는 거부감이 없습니다.

애착을 맺는 두 번째 결정적 기회가 있습니다. 태어나서 처음 만나는 존재와의 '각인imprinting'입니다. 여러분도 잘 알 만한 실험이 있습니다. 동물행동을 연구한 로렌츠라는 학자의 오리 실험입니다. 로렌츠는 오리들이 다 비슷하게 생겼는데도 세상에 나온 새끼 오리들이 엄마 오리를 알아보고 졸졸 쫓아다니는 것이 신기했습니다. 그래서 어떻게 엄마라는 존재를 알아차리는지 알아보기 위해 실험을 합니다.

인공 부화기에서 오리들을 부화시켰고, 새끼 오리들이 알을 깨고 나오자마자 로렌츠가 어미 오리와 비슷한 소리를 내면서 오리들을 맞이했습니다. 새끼 오리들은 시각적, 청각적 자극을 처음 제공한 로렌츠를 엄마로 인식하고 졸졸 따라다니기 시작했죠.

이렇게 세상에 태어나 시각적, 청각적, 촉각적인 자극을 처음으로 제공받은 대상에 대해 애착을 느끼는 것을 '각인'이라고 합니다. 동물심리학과 진화심리학에서 애착 과정을 설명할 때 가장 중요한 것이 바로 이 '각인'이죠.

세상에 태어난 아기도 모태에서부터 엄마의 목소리를 통해 처음으로 엄마와 애착을 맺지만, 태어난 이후 수유와 신체접촉을 통해 엄마에 대한 애착을 더 깊이 형성해 갑니다. 이때 아빠가 꾸준하게 관심을 보이고 주양육자로 충분한 스킨십과 돌봄을 제공한다면, 세상에 나와 처음으로 만난 타인인 아빠에 대한 애착도 다른 대상보다 훨씬 빠르고 깊게 일어납니다. 태아기부터 준비된 애착 관계인 엄마만큼의 안정감으로 시작하지는 못하지만, 아빠라는 존재가 아이의 기질, 대상을 이해해 주고 엄마와 긍정적 소통을 나누는 과정을 아기가 보고 들으면서 낯선 타인인 아빠를 좀 더 편안하게 받아들일 수 있게 됩니다.

아이가 세상에 대한 호기심, 즉 탐색해 나가는 과정은 크게 두 가지로 나뉩니다. 먼저는 두려움을 동반한 관찰입니다. 일단 관찰합니다. 두려움이 바탕에 있지만 관심과 재미의 요소가 뒤섞인 상태에서 대상을 탐색합니다. 아직은 거리를 두고 있죠. 만약 탐색의 대상이 아이의 관심을 끌 만한 요소가 있거나 재미있고 즐거움을 준다고 느끼면 두 번째 단계로 들어갑니다. 먼저 접근하는 것입니다. 자신에게 자극을 주는 대상에 대해 거꾸로 자기가 자극을 건네기 시작합니다. 건드리고 눌러보고 만지고 열어 보는 등의 행동입니다. 이러한 행동을 했을 때, 자신이 기대했던 대로 긍정적인 반응이 나온다면 재미와 즐거움, 호기심을 더하면서 불안을 제거하고 안심하고 더 가까이 접근합니다. 그러면서 정서적 애착, 놀이 상대로서의 우정, 즐거움의 대상으로 삼습니다. 사람뿐 아니라 장난감 등 접하는 모든 대상에게 그렇게 반응합니다.

0~3세의 호기심, 4~7세의 호기심

호기심은 두려움을 토대로 한 관심에서 시작하지만, 점점 관찰과 접근의 빈도를 늘려가면서 지적으로 연결되는 과정을 지납니다. 호기심 자체는 본능적 반응에 가깝죠. 호기심이 질문으로 바뀌면 아이의 지적 발달을 자극합니다. 답을 찾고 싶은 욕구가 정보를 습득할 바탕을 마련하기 때문입니다. 그렇다면 호기심을 어떻게 질문으로 바꿀 수 있을까요? 이 과정에는 훈련이 필요합니다.

가장 좋은 것은 부모의 모델링입니다. 부모가 질문을 건네는 것이죠.

"아까 유치원 앞에서 달이 저기 떠 있었는데, 지금 우리집 앞에도 달이 떠 있네. 왜 그럴까?"

아이가 질문을 먼저 건넸을 때도 답을 가르쳐 주는 것이 아니라 질문을 다시 되돌려주면 아이는 그 답을 스스로 찾으려고 합니다.

"아빠, 저 달이 아까 저~기에 있었는데 지금 여기에도 있어. 왜 그래?"

"그러네. 달이 여기에도 있네. 왜 그런 것 같아?"

4~7세의 아이는 자기만의 상상력으로 판타지를 넓혀가는 시기이므로, 아이의 질문에 사실적인 정보를 제공하는 것보다 아이의 지적 호기심과 상상력을 넓힐 기회를 마련하는 것이 더 좋을 수 있습니다.

"아빠! 달이 나를 좋아해서 따라왔나 봐!"

아이의 이런 답변에 굳이 "달은 멀리 떨어져 있어서, 거리가 먼 대상은 조금 움직인다고 더 가깝거나 멀리 보이지 않고…" 등등으로 설명하지 않아도 됩니다. 학령기 이후에 자연스럽게 정보를 습득하고 나누면서 사실을 이해하게 될 테니까요.

이러한 질문을 주고받는 과정은 언어 기능이나 인지적 기능이 미숙한 24개월 미만에는 불가능합니다. 24개월 이후부터 36개월, 48개월로 올라오면서 놀이를 통해 인지가 발달하는 과정을 거치는데, 이 과정에서 '초기 모델링'이 끝나면 호기심을 질문으로 바꾸는 것이 가능해집니다.

여기서 초기 모델링이란, 언어 능력이 발달하는 것과 부정적인 감정을 기초적으로 조절할 수 있게 되는 것을 말합니다. 24개월 이후부터 훈육을 시작하라고 안내하는 이유와 비슷합니다. 부모가 하는 말을 이해할 만큼 언어 능력이 발달했고, 부모의 통제로 인한 부정적 감정을 수용할 만큼의 기초적인 감정 수용 능력이 발달한 것입니다. 즉, 좌절을 극복할 수 있게 되는 시기가 온 것입니다. 이러한 초기 모델링으로 스스로 질문을 만들어 낼 능력도 발달한 것입니다.

질문을 던진다는 것은 생각할 시간을 가질 수 있는 역량이 되었다는 뜻이기도 합니다. 그렇다면 부모는 아이의 질문에 답을 주기보다 아이가 생각하고 답을 찾도록 충분한 시간을 갖게 하는 것이 좋겠죠. 아이가 질문에 대한 자기만의 답을 내고 자신의 답변이 틀렸다는 것을 받아들일 수 있다면, 이는 좌절을 극복할 힘이 생겼다는 의미입니다. 이것은 좌절을 수용하는 과정이므로 부정적 감정을 소화할 수 있는 연령대인 48개월부터 본격적으로 호기심을 질문으로 발전시키게 되는 것입니다.

그래서 0~3세의 호기심이 본능적인 반응의 연속적 과정이었다면, 48개월 이후의 호기심은 질문을 건네고 좌절을 수용하는 태도로 발전합니다. 질문을 던지고, 질문의 답을 찾고 싶고, 정답을 맞추고 싶고, 답을 맞추어 인정받고 싶은 욕구도 드러냅니다.

아직 호기심을 질문으로 연결하는 과정이 미숙하다면, 부모의 모델링으로 긍정적인 자극을 건네 보세요. 질문을 주고받는 관계를 만들고, 아이의 답이 어떻든 수용해 주고, 긍정적인 피드백이라는 부모의 적절한 보상으로 그 과정을 강화해 나간다면 아이는 점차 자기만의 질문을 만들며 인지 능력을 키워 갈 것입니다.

아이의 호기심이 질문으로 발전하게 하려면

직장에서 회의를 시작합니다. 팀장과 팀원이 모였습니다. 어떤 안건에 대해 의견을 묻습니다. 하지만 자신있게 의견을 내는 사람이 별로 없습니다. 왜 그럴까요? 아마도 이전의 경험에 따른 반응일 확률이 높겠죠. 의견을 낼 때마다 지적을 받거나 면박을 당하거나 반박을 들었다면, 내 생각을 표현하겠다는 의지가 점차 없어질 것입니다. 그렇게 되면 수동적으로 윗선의 지시에 따르는 팀 분위기가 형성될 수밖에 없습니다. 건설적인 의견조차 막아버리는 나쁜 회의의 모습입니다.

아이가 건네는 질문이나 말이 '쓸데없고', '말도 안 되는 소리'여서 듣고도 무시하는 경우가 종종 있습니다. 어떤 부모는 아이의 생각이나 말에서 잘못된 것을 지적하고 '정답'을 알려 주기에 바쁩니다. 물론 아이가 초등학생이 되면 과학이라는 엄밀한 체계가 있고, 많은 실험과 시행착오로 확립되고 축적된 지식과 진리적 가치가 존재한다는 것을 배우기 시작합니다. 그러나 4~7세의 발달에 있어서 지적 정보보다 더 중요한 것이 있습니다. 첫 번째는 감정적 손상을 주지 않는 것이고, 두 번째는 호기심을 뺏지 않는 것입니다.

세상에는 물론 정답이 있고 과학의 법칙으로 설명할 수 있는 것들이 있지만, 그것을 4~7세의 아이가 받아들이느냐는 별개의 문제입니다. 아이가 호기심을 가지고 자기 생각을 표현하는 것은 자연스러운 발달의 모습입니다.

"크리스마스에는 산타클로스가 선물을 가져다 줘."

"달에는 토끼가 살아."

부모들이 자녀의 이 정도 판타지는 잘 수용해 주는 듯합니다. 오히려 아이의 상상력을 지켜 주려고 노력하기도 하죠. 그런데 다음과 같은 말들은 바로잡아주려고 합니다.

"이 탱탱볼이 엄청 잘 튀어서, 내 친구는 딱 던졌더니 하늘로 날아가서 없어졌대!"

"이모 뱃속에 아기가 있다고? 어쩌다 아기를 먹었대?"

이러한 말에 대한 사실관계를 바로잡아주지 않으면 아이가 자기세계에 빠져버릴 것 같은 불안이 드는 듯합니다. 그런데 아이가 자기만의 생각을 넓혀가는 것은 아주 오래 가지 않습니다. 아이는 부모 외에도 여러 교육적 자극을 받기 때문입니다. 여러 사람을 만나고, 여러 미디어나 책에서 정보를 얻고, 친구들과 이야기도 나누면서 자기가 가진 생각과 정보를 스스로 수정해 나가는 과정을 이미 거치고 있습니다. 그래서 아이의 상상력이나 생각은 부모가 어떤 태도를 취한다고 해서 결정적인 영향을 미치지 않습니다.

물론 반복적으로 질문하는 것에 대해서 부모가 정답을 알려 주는 것이 도움이 될 수도 있죠. 그런데 아이가 정답을 다 이해하거나 수용하지 않을 수 있습니다. 그냥 부모의 의견 정도로 생각할 수 있습니다. 그보다 동화책, 할머니, 선생님에게 들은 이야기가 더 흥미로웠다면, 그 의견을 따를 수 있습니다. 이러한 아이의 태도를 굳이 바로잡으려 하지 않아도 됩니다.

정확한 정보와 지식을 알려 주는 것과 호기심을 뺏는 것의 미묘한 경계를 잘 구분해 보세요. 팩트를 알려 주는 것이 다 나쁜 것은 아니지만, 감정적 상처를 주지 않는 선에서 의견을 주고받아야 합니다.

"너 어제 책에서 봤잖아. 달에는 동물이 살 수 없다니까!"

"네가 어린 아기냐? 뭔 말도 안 되는 소리를 하니?"

이런 식으로 틀렸다는 것을 강조하거나, 유치하다는 반응을 보이면 아이는 감정이 상할 수밖에 없습니다. 이럴 때는 아이가 질문하고 자기 생각을 말할 수 있는 공감만 형성해 주어도 충분합니다.

"넌 그렇게 생각했구나. 아빠는 어릴 때 천사가 와서 배 속에 아기를 넣어 준다고 생각했어."

"달에 토끼 말고 거북이도 살 것 같다고? 그런 상상도 멋지네!"

"하늘로 날아갈 것만 같이 탱탱볼이 잘 튀어 오른다는 거지? 네 상상이 기발한데?"

호기심은 자발적인 동력으로 만들어지기 때문에, 부모의 지지에 따라 호기심을 질문으로 무수히 만들어 내게 됩니다.

잘 살피면, 질문은 점차 정교해집니다. 부모와 교사의 질문을 모델링하면서 학습하기도 하고, 아이 자신의 실행 기능이 자라면서 자신의 경험을 토대로 가설을 만들기 시작하는 것이죠. 빠르면 7~8세에 시작하고, 본격적으로 10세경부터 이러한 반응들이 나옵니다.

"달에 정말 토끼가 살까? 토끼가 살려면 공기와 물이 있어야 하는데? 달에 공기와 물이 있나? 없다고? 그러면 토끼가 살 수 없겠네?"

이렇게 자신이 알고 있는 정보와 질문을 연결하는 실행 능력으로 가설을 세우고 사실관계를 확인하는 과정을 거치는 것이 지적 발달의 모습입니다. 결론에 도달할 때까지 아이는 스스로 계속해서 질문을 만들어 내고 정보를 수집할 것입니다.

그러니 일찍부터 아이의 질문에 정답을 가르쳐 주어야 한다고 생각할 필요는 없습니다. 사실을 말해 줄 수도 있고, 상상력을 인정해 줄 수도 있습니다. 어떤 답이 아이와의 관계를 더 가깝게 할지는 그 순간의 대화에 집중한 부모가 더 잘 알 것이라 생각합니다.

CHAP 14. 4~7세, 무의식에 자리잡은 경험이 만드는 '공부 뇌'

부모에게 조바심을 주는 '적기 교육'에 대해

우리 주변에 "이 나이에 이 정도는 해야 적기 교육입니다"라면서 특정 학습을 권하는 마케팅 문구를 쉽게 접합니다. 네이티브스피커처럼 말하려면 36개월 이전부터 영어 수업을 시키라는 것 등이 대표적이죠. 분명히 이건 보편적 '적기 교육'이 아닙니다.

아이마다 '적기'는 다 다릅니다. 세상과 직접적으로 상호작용을 하면서 능동적으로 배워 가는 시기가 바로 적기입니다. '능동적'이 아니라 '수동적'으로 주어지는 내용은 '적기'여서가 아니라 부모 뜻으로 아이에게 새롭게 주어지는 교육의 환경일 뿐입니다.

그러한 수업 환경에 적응하는 아이도 있고, 못 하는 아이도 있습니다. 적기여서 적응하는 것이 아니고, 발달이 늦어서 적응하지 못하는 것도 아닙니다. 아이의 지적 호기심을 채워준다는 측면에서 학습 환경을 제공해 볼 수도 있겠죠. 그러나 다른 아이가 했다고 해서 내 아이도 할 수 있다고 일반화하는 것은 욕심입니다. 개인차도 있고 성별 차이도 있습니다.

그래서 72개월 이전의 적기 교육은 아이 각자의 발달 차이를 인정하고, 그 차이에 근거해서 아이가 수용 가능하고 즐길 수 있는 배움의 기회를 제공하는 것입니다. 그러니 "OO개월에는 XX을 해야 한다"라면서 그 과업을 못 해내는 내 아이에 대한 부모의 불안을 확대하는 말들이 얼마나 이상한지, 부모 스스로 알아야 합니다. 이런 교육은 적기 교육이 아니라 획일 교육이기에, 부모가 이러한 상업적인 말들을 경계하고 알아차려야 하죠.

내 아이를 가장 잘 아는 사람은 부모입니다. 이 자신감을 가지고 아이와 놀면서 기질과 발달 속도, 반응을 충분히 관찰하세요. 아이의 개성과 선호도, 취향, 좋아하는 영역을 파악하고 상호작용을 하면서 필요하다면 약간의 학습 내용을 추가해 볼 수 있습니다. 부모가 제안한 도구를 아이가 수용하면 좋겠지만 거부한다면 내려놓아야 합니다.

관심이 없는데 억지로 시키고, 못 따라가거나 관심을 안 보이면 열심히 안 한다고 지적까지 할 경우 최악의 교육입니다. 그러면 아이는 회피하거나 반항하는 반응을 보일 수밖에 없습니다. 이 경우 아이의 태도가 문제가 아니라 부모가 잘못된 시기와 방법으로 아이에게 학습을 강요한 것이 문제입니다.

짜증이나 회피를 한다면 차라리 다행인데, 이에 대한 스트레스를 제대로 표현하지 못하기도 합니다. 부모와 교사에게 의존하는 연령대니까요. 자신이 가진 스트레스를 언어로 제대로 표현할 능력이 부족하고, 무섭고 엄한 부모를 둔 아이라면 더더욱 표현하지 못할 것입니다. 하지만 스트레스는 결국 어떤 모양으로든 드러나기 마련이어서, 신체적 고통으로 반응하기도 합니다. 아프거나 불안이 올라오거나 그 과정을 강요하는 사람과의 관계를 피합니다. 부모는 시간과 돈을 들여서 아이를 도와주려고 했지만, 좋은 의도가 오히려 발달을 저해하게 됩니다. 그리고 공부에 대한 부정적인 감정까지 덤으로 얻게 될 뿐입니다.

반대의 경우도 있습니다. 어떤 부모는 아이가 가진 호기심을 가리지 않기 위해서 어떤 학습도 시키지 않는다고 말하기도 합니다. 아이가 유독 글자에 관심이 많고 유치원에서 친구들이 배운다는 수업을 자기도 받고 싶다고 먼저 이야기를 꺼냈지만, 이 부모는 초등학교 전에는 공부시키지 않겠다는 원칙을 고수했다고 합니다. 그런데 아이가 원하는 것이 학습일 수도 있습니다. 아이가 뭔가를 더 배우고 싶다는 지적 욕구를 드러낼 수도 있습니다. 결국 내 아이가 기준이 되어야 하는데, 여기서도 부모가 자신의 경험을 토대로 기준을 세우고 제시했다는 것을 지적하고 싶습니다.

제가 선행이나 학습에 대해 주의를 요구하는 것은, 아이들이 그것에 관심이 없고 그 과정에서 부정적 감정이나 신체 반응을 드러내는

데도 부모 강요로 하게 되는 것에 대한 경계입니다. 기준은 '내 아이의 관심과 발달'이 되어야 합니다. 내 아이에게 맞는 맞춤 교육이 '적기 교육'입니다.

'수포자'를 만들지 않는 4~7세의 수리 입문

이 책의 Part 3에서 문해력을 다루면서, 4~7세의 문해력은 어휘력을 늘이기 위한 학습이 아니라 소통 능력을 키워서 말의 맥락을 이해하게 하는 데 있다고 설명한 바 있습니다. 지금부터 다룰 수리 능력도 같은 메시지입니다. 4~7세는 수학 실력을 키우기 위한 수학 학습, 영어 실력을 위한 영어 학습, 우리말을 배우기 위한 맞춤법과 어휘를 공부할 시기가 아닙니다. 학령기 이후부터 배우게 될 학습의 내용을 잘 받아들일 수 있도록 바탕을 만들어 놓는 시기입니다.

사실 학습의 목표 자체가 우리가 독립된 한 사람으로 살아가는 데 있어서 필요한 지식과 정보를 쌓는 과정입니다. 연령이 낮을수록 배움은 아이에게 재미있고 관심 있는 것에 대한 반응이고, 그 과정에서 얻은 정보를 수용하는 과정입니다. 여기서 조금 더 발달하면, 재미있는 것이 나에게 필요한 것이기도 하다는 연계성을 경험하게 됩니다. 이것이 곧 학습을 시작할 바탕을 만들어 주는 기본 지침이기도 합니다.

4~7세의 지능 발달에 있어서 부모가 아이의 학습 활동에 주체가 되어서는 안 된다는 것이 저의 일관된 생각입니다. 다만, 이 말은 부

모가 자녀의 지능 발달에 완전히 손을 놓고 있어도 된다는 이야기는 아닙니다. 인간의 뇌는 자기에게 필요한 자극을 찾아 나서기 때문에, 아이가 필요로 하는 자극을 찾을 때 부모가 적절하게 제공해 주는 것이 최선이라고 봅니다. 그러려면 부모는 아이를 많이 관찰하면서 내 아이의 습성, 생각의 방향, 놀이의 방법 등을 파악하는 것이 도움이 되겠죠.

어떤 아이가 5~6세가 되어 숫자에 관심을 두기 시작합니다. 벌써 이 나이 정도면 유치원에서 아이들끼리 덧셈 문제를 내고 맞추는 것을 놀이처럼 하기도 합니다. 아직 덧셈을 못 하던 아이들도 친구들을 보면서 자극을 받고 곁눈질로 배우기도 합니다.

4~5세에 "사탕이 하나 있었는데 2개 더 주면 몇 개지?" 정도의 간단한 덧셈 놀이가 가능했다면, 6~7세 정도가 되면 덧셈을 생각하는 범위가 더 넓어집니다. 놀이터에서 엄마가 친구들과 나눠 먹으라면서 사탕 한 봉지를 주었는데, 한 봉지에 사탕이 10개 담겨 있고 노는 친구는 세 명이라면 이것을 친구들끼리 어떻게 나눠야 하는지 고민하게 되거든요.

"너희 둘은 3개씩 줄게. 나는 주인이니까 4개 먹는다!"

'10=3+3+4'라는 숫자 가르기를 터득했네요. 때로는 유치원 반 친구가 12명인데 9개가 담긴 사탕을 한 봉지 사려고 하면 아이가 엄마에게 이렇게 말합니다.

"사탕이 모자라! 우리 반 친구들은 12명이라고!"

9가 12보다 작다는 것을 이해하고 있네요. 이렇게 숫자가 자기에게 필요해지는 순간이 자연스럽게 오기 시작하는 것입니다.

굳이 학원에 다니거나 '사고력 수학' '연산' 문제집을 찾지 않더라도 덧셈에 익숙해진 아이에게 수학 자극을 줄 수도 있습니다. '1 더하기 4는 5'라는 셈을 할 줄 아는 아이에게 '4 더하기 1은?'이라는 질문을 던지는 식입니다. 이후에 '2+3=5, 3+2=5, 4+1=5'라는 식을 줄 세워서 보여 주면, 아이들은 굳이 덧셈의 교환법칙, 숫자 가르기라는 공식을 모르더라도 몇 가지 규칙을 알게 됩니다.

'더하기는 앞뒤의 숫자가 바뀌어도 답이 똑같구나.'

'5라는 숫자를 만드는 방법이 여러 가지구나.'

'2 더하기 3이 5면, 2 더하기 2 더하기 1도 5잖아!'

아직 빼기를 모르더라도 다음의 질문을 통해 살짝 개념을 던져 줄 수 있죠.

"이번 달 생일인 친구가 5명인데 집에 카드가 2개밖에 안 남았네. 카드 사러 가야겠다. 몇 개 더 사야 하지?"

방정식이라는 용어를 몰라도 아이가 빈칸을 채우기도 합니다.

"2에다 얼마나 더하면 5가 될까?"

수학이라는 것이 결국은 우리 일상의 사고를 정리하기 위해 만들어진 도구라고 생각한다면, 수학을 공식과 이론 학습부터 시작하는 것이 오히려 이상한 일이죠.

아이가 손가락 숫자인 10까지만 알고 있어도, 이러한 숫자 놀이를 통해 호기심을 채워 주면 좋습니다. 어른들의 생각으로는, 1부터 100까지 셀 수 있고, 덧셈을 배우고, 뺄셈을 배우고, 구구단을 외우고, 나누기를 하고… 등등 자신들이 배워온 학습의 순서대로 아이들이 따라가야 한다고 생각하지만, 4~7세의 아이에게는 이것을 생활이고 놀이로 접근하는 것이 맞습니다. 그래야 더 잘 기억하고 더 관심을 갖습니다. 여기서 중요한 것은, 정답을 빨리 맞추는 것, 셈을 더 많이 하는 것이 아니라 아이가 스스로 궁리하면서 덧셈을 해 보고, 빈칸에 답을 찾으려 애쓰는 경험을 하는 것임을 기억해야 합니다.

이 시기에 물건을 사고파는 놀이가 적극 이루어지는 것도 이러한 이해가 어느 정도 가능해서입니다. 숫자로 '1000+500'를 제시하면 큰 숫자에 겁을 먹어도, 할아버지가 10,000원을 주셨는데 아빠에게 5,000원도 받았다고 하면 총 얼마를 받았는지 바로 알기도 합니다. 생활에서 경험하면서 학습하는 아주 일반적인 모습이죠.

수포자가 나오는 것이 수학을 선행시키지 않아서라고 생각하는 경우도 많은데요. 수학을 기호로, 공식으로 접해서 지치는 학생이 많아졌기 때문은 아닐까요? 서울대학교 수학교육과의 최영기 교수님이 쓴《이런 수학 처음이야》(21세기북스, 2020)라는 책을 보면, 수학을 왜 배워야 하는지, 도형을 왜 알아야 하는지에 대한 설명이 나옵니다. 우리가 일상에서 보는 물건이 모두 도형이기 때문이죠. 도형의 각도와 평행선을 이해하는 것이 물건을 고르고 건물을 짓고 사물을 만드는 데 얼마나 유용한가를 이해하게 하는 내용입니다. 저는 이 책을 읽으면서 '이게 공부지!' 하는 생각이 들었습니다. 4~7세의 부모 역할은, 이런 동기를 알려 주고 소개하는 데 있다고 생각합니다.

아이의 언어 능력은 소통의 도구로 접근해야

6세의 아이가 짧은 영어지만 자연스럽게 말하는 것을 보았습니다. 영어 학원을 다니는구나 싶어서 아이의 엄마에게 물었습니다. 그랬더니 돌아온 답변이 의외더군요.

엄마는 국문과를, 아빠는 영문과를 전공했다고 합니다. 각자의 전공대로 아이를 가르치자고 의기투합했습니다. 묘한 경쟁심에 엄마가 먼저 나섰습니다. 놀이식으로 가르친다는 한글 방문학습지를 아이가 두 돌일 무렵에 시켰다고 하네요. 교재도 나름 재미있어 보이고 좋아 보였다고 합니다. 그런데 문제가 있었습니다. 방문 선생님이 오셔서 수업을 하는데, 아이는 글자보다 그림에, 선생님이 가져온 교구를 장난감으로 가지고 노는 데만 빠졌습니다. 숙제도 주고 가셨는데, 그날 배운 쉬운 문제도 몰라 엄마가 아이를 자꾸 다그치게 되었다고 합니다. 그러다 어느 날 각성했다고 하더군요.

'우리 애랑은 안 맞는 건데, 내가 내 욕심에 아이랑 관계까지 멀어지게 만들고 있구나.'

욕심을 내려놓고 학습지를 중단했다고 합니다. 저는 그 엄마에게, 만약 엄마 욕심에 계속 그 과정을 했더라면 아이는 오히려 글자 배우기는 재미없는 것으로 생각했을 수 있으니 다행이라고 제 생각을 전해 주었습니다.

그런데 영어를 맡은 아빠는 아이 학습에 도통 관심이 없어 보였다네요. 만날 아이랑 장난치고 각종 캐릭터 굿즈를 가지고 역할 놀이를 하면서 아이를 간지럽히고 숨고 도망치기에 여념이 없었답니다. 그런데 어느 날, 아이가 가장 좋아하는 캐릭터인 뽀로로 인형을 사오더니 아이에게 이렇게 소개했다고 합니다.

"Hi! I'm 뽀로로!"

그 뽀로로 친구는 영어로만 말하는 캐릭터로 설정을 했다네요. 게다가 아빠는 뽀로로를 가장 웃기고 가장 장난꾸러기고 가장 재미있게 노는 성격으로 표현했다고 합니다. 아이는 자기가 가장 좋아하는 뽀로로가 영어로 말하니 적잖이 당황했습니다. 중간에 답답해진 아이가 이렇게 말하기도 했습니다.

"넌 왜 이상한 말로 해! 그거 하지 마!!"

"뽀로로는 추운 나라에서 온 친구라 우리말을 못 한대. 우리말로 놀 거면 다른 친구들을 부르면 돼."

하지만 아이는 뽀로로가 좋았습니다. 그래서 자꾸 다른 친구들 대신 뽀로로를 데려와서 아빠에게 놀아 달라고 건넸습니다. 놀다 보니 다양한 표현이 나왔는데, 신기하게도 어느 날인가 아이가 뽀로로의 표현을 알아듣고 그에 맞게 반응을 보였다고 합니다.

"Bring me a cup, please."

"OK."

짧지만 아이가 영어로 답하고 컵을 가져다 주는 것을 보면서 엄마는 아빠에게 엄지 척을 날렸다고 합니다. 이후 엄마는 뽀로로가 영어 동요를 불러 주는 장난감을 사 와서 틀어 주었고, 36개월 무렵에 처음으로 아이에게 보여 준 동영상도 영어로 나오는 뽀로로였다고 합니다. 아빠랑 재미있게 놀던 기억에 아이는 이 과정들을 반갑게 받아들였다고 하네요.

아이가 이렇게 아빠랑 놀면서 영어를 배우더니 지금은 짧은 문장은 곧잘 말한다고 했습니다. 그러면서 물었습니다.

"혹시 저희 아이도 너무 일찍부터 영어를 가르쳤나요?"

뭔가 잘못한 것처럼 묻는 그 엄마에게 저는 답했습니다.

"놀아 줬지 뭘 가르쳤나요. 좋은 접근입니다."

저는 아이에게 영어를 일찍이 노출시키고 가르치려고 애쓰는 부모들을 보면 말리고 싶은 마음이 큽니다. 이 아이의 엄마가 한글 수업을 시켰다가 취소했던 것처럼, 오히려 영어를 재미없게 받아들이지는 않을까 하는 우려가 있기 때문입니다. 그런데 이렇게 놀이로 접근하는 방식에는 찬성입니다. 놀이의 과정, 소통의 과정에서 뭔가를 배우는 과정이 덧붙여진 것이기 때문입니다.

아이는 영어를 배우기 위해 뽀로로와 논 것이 아닙니다. 뽀로로와 놀기 위해 영어를 들으려 했습니다. 아이에게 특정 연령에 무엇을 가르치라, 가르치지 말라가 논점이 아닙니다. 놀이의 과정에서 아이가 영어든 수학이든 국어든 자연스럽게 관심을 키워 가는 것이 4~7

세입니다.

저의 첫째 아이가 초1, 둘째가 만 6세일 때 급하게 영어 공부를 시켜야 할 일이 생겼습니다. 제가 다음 해에 해외 연수를 위해 1년 남짓한 기간 동안 해외로 나가야 했기 때문입니다. 아이들이 외국의 초등학교에 다녀야 하는 상황이니, 그러려면 최소한의 영어는 배우고 가야 한다고 생각했습니다. 영어 학습을 전혀 시키고 있지 않았던 터라 부랴부랴 학원을 등록하고 배우게 했습니다.

"학원을 폭파해 버릴 거야!!!!"

둘째 아이가 어느 날 학원에 다녀오자마자 이렇게 외쳤습니다. 첫째는 인정욕구가 강하고 순응적인 성격이라 학원의 커리큘럼에 잘 따랐습니다. 잘 따르니 성적도 잘 나왔고 긍정 피드백을 받으면서 순항했죠. 하지만 둘째는 더 어렸고, 특히 학원의 커리큘럼이 매일 영어책을 읽고 단어를 외우고 시험을 보는 식의 학습 위주였던 탓에 적응하기 힘들어했습니다. 영어 학원을 처음 보낸 터라 학원마다 어떤 방식으로 가르치는지, 어떤 커리큘럼인지, 내 아이와 맞을지 살피지 않고 주변의 추천으로 유명하다는 곳에 보낸 것이 탈이 난 것입니다.

아이 입장에서 보면 어느 날 갑자기 낯선 말을 배워야 한다면서 이상한 학원에 다니게 되었는데, 매일 단어를 외우고 시험까지 보고 나쁜 피드백까지 쌓이니 얼마나 힘들었을까요. 6세의 아들은 자기 감정을 부모에게 솔직하게 토로한 것입니다. 아이의 반응에 저희 부부는 당황했지만 당장 아이의 학원을 그만두었습니다. 아무리 그 과정이 필요해도 아이의 공부 정서를 해쳐서는 안 된다는 판단이었습니다. 그리고 다른 영어 학원을 다닐지, 아예 배우지 않을지 아이에게 설명하고 물었습니다.

"네가 학원에 다니기 싫다면 다니지 않아도 돼. 그런데 내년에 우리 가족이 미국에 갈 텐데 거기 친구들이 영어를 써서 지금 배우지 않으면 네가 좀 어려울 수 있어. 그래도 적응할 수 있겠어? 아니면 다른 학원을 알아봐 줄까?"

아이는 지금 영어 학원을 다니느니 그때 배우겠다고 했습니다. 그렇게 우리 가족은 다음 해에 미국으로 떠났습니다. 둘째 아이는 미국 학교에 다니면서 소통하려면 영어를 써야 한다는 것을 몸으로 체감하며 받아들였습니다. 그리고 생존 영어처럼 자기에게 필요한 표현을 배워 가기 시작했습니다. 실력이 첫째 만큼 빠르게 늘지는 않았지만, 필요한 것을 수행할 수 있는 정도로 아이 스스로 해내더군요.

지금 돌아보면, 첫째 아이의 영어 실력이 둘째 아이보다 확실히 더 뛰어납니다. 첫째는 부담 없이 영어를 받아들였고 꾸준히 했으니까요. 그래도 둘째 아이의 바람대로 학원을 그만두기를 잘했다는 생각에 변함이 없습니다. 아이의 처음 영어 경험이 부정적인 감정으로 남았다면, 게다가 솔직한 자기 마음을 부모가 받아 주지 않아 아이가 실망했다면, 이후 낯선 땅에서 영어를 배우고 적응하는 시간을 더 큰 부담으로 받아들였을 것입니다. 자기에게 영어가 필요하다는 것을 깨닫고 아이가 적응해 준 것이 다행입니다. 그렇게 배운 영어는 한국에 돌아와서도 오래 기억하고 써먹었으니까요. 그리고 무엇보다 그때 힘들다고 마음 표현을 해 준 것이 기특하기도 하고 고맙기도 합니다. 부모의 실수를 만회할 기회를 주었다고 생각합니다.

우리는 언어를 잘하기 위해 인풋을 충분하게 쌓으면 아웃풋도 자연스럽게 발화된다고 생각합니다. 그런데 지능은 결국 배운 것을 써먹는 실행 기능이 핵심입니다. 실제 살아가면서 문제를 해결하기 위해 구체적이고 반복적으로 배운 것을 꺼내 쓰면서 더 계발됩니다. 게다가 4~7세는 학습의 방식으로 정보를 주입할 수 있는 단계도 아직 아닙니다.

일찍이 학습을 시켜야 한다, 아니다의 답은 부모가 아닌 아이에게 있습니다. 필요하다면 이른 연령대라도 어떤 학습을 시킬 수 있고, 아이와 잘 맞다면 계속해서 지지해 줄 수 있다고 생각합니다. 하지만 아이의 반응이 부정적이라면, 과감하게 방향을 전환하길 당부합니다. 학령기 이전에 배운 학습은 학령기 이후에 절대적인 영향을 미치지 않습니다. 이전에 전혀 배우지 않은 아이들이 금방 따라잡기도 합니다. 그래서 아이의 관심사가 없는데 억지로 끌고 가는 것은 그 과목에 대한 거부감이 들게 하고 아이와 부모의 관계를 틀어지게 하는 요인이 될 수 있다고 생각합니다.

4~7세는 학습의 양, 인풋보다 무언가를 배우는 태도, 세상에 대한 호기심, 배우고 싶다는 동기를 만드는 것이 공부 뇌 발달에 더 유리

합니다. 자녀의 학습을 시도할 수 있고 다양한 방법을 고민할 수 있지만, 불안을 극복하고 놓을 수 있는 용기도 가지기를 권하고 싶습니다. 놀이와 실제 경험에서 배운 정보량이 가득한 아이의 경쟁력은 학습의 가장 강력한 무기가 됩니다.

16년 이상 공부 마라톤을 달릴 수 있는 힘을 쌓는 시기, 4~7세

궁극적으로는 아이가 본격적으로 학습 경쟁에 뛰어드는 중학생, 고등학생이 되었을 때 최선을 다해 도전하겠다는 마음이 있고, 초·중·고등학교 12년, 대학 과정까지 더 길게 본다면 16년 이상의 마라톤을 달릴 의지가 있는 아이로 성장하게끔 도와야 합니다. 그러려면 발달 단계마다 아이가 필요로 하는 욕구를 충족시키고 배움이라는 과정을 받아들이도록 기반을 잘 만들어야 합니다. 그것의 기본이 되는 시기가 4~7세입니다.

잠깐 저의 이야기를 하자면, 저는 중학교 때부터 학습에 재미를 느끼기 시작했습니다. 어머니가 '엄마표 학습'을 포기하고 관계를 선택한 것이 한 수였다고 생각합니다. 저에게 어떻게 공부를 잘했냐고 묻는다면 두 가지를 꼽습니다. 좋은 성적을 받았을 때 주변의 인정을 받는 기분이 좋았습니다. 그리고 무엇보다 공부를 지속할 수 있었던 힘은 어머니를 좋아했던 마음에서 비롯되었다고 봅니다.

저희 어머니는 성취지향적으로 살아가는 분입니다. 지금도 부지런히 늘 무언가를 배우고 이루고 도전하는 모습이십니다. 어머니는 약사셨습니다. 제가 어렸을 때 할머니와 함께 살았고, 저와 형이 어렸기에 어머니는 한동안 일하지 않으셨습니다. 그러다 제가 초등학교에 입학하고 어느 정도 안정이 된 3학년 무렵에 집의 차고지를 개조해서 작은 약국을 운영하셨습니다. 병원이 많은 대로변에 약국을 차리는 것이 운영 면에서 유리하지만, 아버지와 어머니는 자녀들을 케어해야 한다는 생각에 우선 작게 시작하자고 논의하셨다고 합니다.

저는 학교에서 돌아올 때마다 어머니가 일하는 모습을 볼 수 있었습니다. 일하는 어머니의 모습을 보고 있으면 참 좋았습니다. 어머니의 일터이니 약국에 자주 들를 수는 없지만, 하교하면서 빼꼼히 약국을 들여다봤을 때 어머니와 눈이 마주치면 그렇게 즐거웠습니다. 집에서도 늘 만나지만, 일하는 어머니는 제게 뭔가 새로운 감정이 들게 했습니다.

어머니가 잠시 자리를 비워야 할 때 가끔은 제가 약국을 지키기도 했습니다. 제가 약국을 지킨다고 해도 약을 처방할 수는 없으니, 그저 손님들이 오시면 작은 음료수를 내어 드리고 어머니가 곧 오실 것이라고 안내하는 정도였습니다. 어머니의 일터에서 가끔 머무는 것, 약국에 진열된 수많은 약의 이름을 한 번씩 읽어 보는 것, 어머니가 손님과 나누는 대화를 듣는 시간이 재미있었습니다. 어머니가 일을 시작하면서 이전보다 저와 함께하는 시간이 줄었지만, 저는 어머니의 일하는 모습이 참 멋져 보였습니다. 제가 중학생이 되고 나서는 약국을 대로변으로 옮겨서 약국에 자주 들를 수 없게 되었지만, 뭔가 어머니처럼 멋진 모습으로 자라고 싶다는 생각을 어렴풋이 했습니다.

저는 제가 어머니를 좋아했던 마음이 사춘기와 수험 과정을 안정적으로 지날 수 있게 한 자양분이 되었다고 손꼽습니다. 이러한 마음은 저의 자녀들을 보면서도 다시 한번 느끼게 된 부분입니다.

저에게는 딸과 아들, 두 자녀가 있습니다. 둘 다 대학생으로 성장했습니다. 솔직히 저는 아이들과 많은 시간을 보내거나 세심하게 살펴 준 아빠는 아니었습니다. 아이들이 한창 자랄 때 저는 병원 생활로 너무나 바빴고, 돌보아야 할 환자도 많고 짬 나는 대로 책을 들여다보고 논문을 쓰느라 정신이 없었습니다. 그래서 아이들의 양육을 아내에게 주로 맡기게 되었고, 대신 양육에 있어서 아내의 판단과 의견을 지지해 주는 남편이 되려고 노력했습니다. 아이들에게는 '적어도 상처 주는 아빠는 되지 말자'라는 마음으로 대하려고 했죠.

감사하게도 아이들은 잘 자라 주었습니다. 한번은 의사로서, 아이들이 사춘기와 수험생이라는 시기를 잘 지난 것에 대해 객관적인 이유를 찾고 싶었습니다. 두 아이는 기질이 참 달랐습니다. 첫째는 둘째가 태어나고 자라는 과정에서 질투하는 모습을 보이지 않을 정도로 순하고 안정된 모습이었고, 둘째는 자기 마음을 잘 표현하면서도 유쾌한 성격이었습니다. 기질이 다르고 성별이 다름에도 비슷하게 잘 자란 이유는 아무리 생각해도 아이들이 엄마와 관계가 좋았기 때문이라는 생각이 듭니다.

물론 집안에 긴장감을 몰고 오는 사춘기도 있었고 학업 스트레스로 힘겨워하던 시기도 분명 있었습니다. 그런데 그때마다 아이들은 자기의 마음을 저마다의 방식으로 잘 표현했습니다. 그렇게 표현된 아이들의 마음을 아내는 잘 다루었습니다. 어려서부터 아이들과 대화를 많이 해 왔지만, 그러한 고비들을 소화하기에 부모로서 쉽지만은 않았을 것입니다. 그럼에도 아내는 아이들의 마음을 잘 받아 주었습니다. 저는 그것이 뇌 발달의 격변기와 사회적 압박을 잘 지나게 한 중요한 열쇠가 되었다고 생각합니다. 지금도 아이들은 엄마와 잘 지냅니다. 자기들의 마음을 자주 나눕니다.

저와 제 자녀들의 성장을 돌아보면서 부모와 자녀 간의 마음 거리가 가까울수록 사회에 대한 신뢰감, 타인에 대한 신뢰감, 자기 자신에 대한 신뢰감이 더 크게 자리잡는다는 것을 확인할 수 있었습니다. 그래서 진료를 볼 때나 강연할 때 부모와 자녀의 관계를 중요하게 언급하게 됩니다.

4~7세의 경험은 무의식에 깊이 자리잡아서, 그 경험과 감정 위에 학령기 이후의 사회적 경험과 학습 능력이 차곡차곡 쌓인다고 전한 바 있습니다. 그런데 우리 부모의 가장 서툰 실수가 이 시기에 나오는 것도 사실입니다. 부모와 자녀 사이의 정서적 경험을 차선으로 미루는 것입니다. 내 아이를 위해 정보를 찾고 비용을 들이는 부모의 수고를 잘 압니다. 하지만 아이 중심의 관찰에서 나온 제안과 아

이가 호기심을 갖는 활동이 아니라면, 혹여 아이가 억지로 수행한 일들이 아이 마음에는 인정받지 못했다는 감정으로 뻗어가 부모에 대한 상처로 남지 않을까 걱정됩니다.

아이와 관계가 좋으면 아이는 자라면서 자기의 바람을 건강하게 표현합니다. 과격하게 말하지 않아도, 억울함을 호소하지 않아도 부모가 듣고 반응한다는 것을 아니까 괜히 힘을 뺄 필요가 없는 것이죠. 부모는 아이의 바람과 욕구를 잘 듣고, 수용의 범위를 정해서 안내하면 됩니다. 가끔은 아이와 싸워야 할 때도 있습니다. 서로 열심히 설득하는 과정도 건강한 관계에 도움이 되므로 잘 싸우는 것은 약이 됩니다. 여기서 '잘 싸운다'는 것은 힘으로 억누르는 것이 아니라 부모와 자녀 양쪽이 서로의 의견을 충분히 표현할 시간을 갖는다는 의미입니다.

4~7세의 에너지는 워낙 발산적인 만큼 적절한 바운더리, 통제선이 필요합니다. 그러한 단계를 거친다고 해서 아이가 부모를 미워하지는 않습니다. 통제 범위, 통제 내용을 전하는 부모의 태도가 강압적이고 과도하지 않다면 아이도 그 내용을 수용할 수 있을 만큼 인지 능력이 자랐기 때문입니다. 또, 제한 범위 안에서는 아이와 충분히 즐거운 놀이 시간을 보내기 때문입니다.

내 아이가 학교에 잘 적응해서 공부도 잘하고, 친구들과도 원만하게 지내고, 선생님을 좋아하고, 자기가 좋아하는 길도 척척 잘 찾기를 바란다면, 우선 부모가 아이와 원만하게 잘 지내려고 노력할 필요가 있습니다. 아이에게 건강한 생활 태도를 보여 주고, 가족 간에 건강한 관계를 맺고 대화하는 모습을 보여 주세요. 일하는 부모여서 아이와 밀착할 시간이 부족해 아쉽다면, 괜찮습니다. 아이는 늘 함께 해 주는 부모도 사랑하고, 성실하게 자기 일을 해내는 부모도 사랑합니다. 부모가 아이를 있는 그대로 사랑하듯 말이죠. 중요한 것은 부모와 자녀가 함께하는 시간을 어떻게 보내느냐입니다.

아이와의 관계를 해쳐도 될 만큼 중요한 일은 없습니다. 공부가 아무리 중요해도 자녀와의 관계 이상으로 중요한 것은 아닙니다. 이러한 조언이 이상적으로 들립니다만, 4~7세는 정말 그렇습니다. 많은 환자를 진료해 본 소아·청소년정신건강의학과 의사로서, 뇌를 연구하는 사람으로서, 부모로서, 제 자신의 어린 시절 자녀로서의 경험을 통틀어서 그렇습니다.

나오는 글

'공부 뇌' 발달의 골든타임을 위하여

아이의 뇌에는 제 능력을 잘 발휘할 힘이 내재되어 있고, 발달 욕구와 발달의 방향에 대한 신호를 끊임없이 외부로 드러내어 양육자에게 도움을 요청하기도 합니다. 그래서 부모의 지지와 아이의 발달 신호가 잘 맞으면, 아이의 잠재된 능력과 성장을 촉진하는 데 더 큰 시너지를 냅니다.

부모는 내 아이에 대한 성장을 가장 잘 알고 지켜보지만, 자신의 성장 과정과 주변의 여러 조언을 들으면서 더 좋은 환경을 제공하려고 애씁니다. 이때 양육 정보의 양과 질을 거르지 못하면 양육의 기준을 잡는 데 어려움을 겪고 실수가 생길 수 있습니다. 가장 많은 실수가 '학업'과 '진로'라는 자녀의 발달 과업을 지날 때 일어납니다. 모든 부모에게 양육은 시행착오의 연속이기에, 이러한 실수도 당연히 일어날 수 있습니다. 다만 얼마나 빠르게 실수를 바로잡느냐, 양육의 방향키를 다시금 바르게 잡아가느냐가 중요할 뿐입니다. 인간의 뇌는 잠시 이상한 길로 진입했더라도 신경가소성 덕분에 다시 빠르게 회복해 나갈 수 있습니다. 특히 아이의 뇌는 부모의 양육 실수를 넉넉하게 받아들일 수 있을 만큼 회복력이 매우 좋은 편입니다.

두뇌에서도 공부와 관련 깊은 '똑똑한 뇌'를 담당하는 전두엽은 생애주기에 있어서 두 번의 결정적 시기를 지납니다. 0~3세와 10대 사춘기입니다. 이 두 시기에 전두엽은 가장 큰 변화를 이루어 냅니다. 기존에 가지고 있던 신경망 회로들의 활용 정도를 점검하면서 불필요한 세포와 회로를 잘라내고 새로운 연결을 만들어 내고, 새롭게 들어오는 정보를 어떻게 배선할지 결정하느라 매우 분주하죠.

각 시기별로 살펴보면, 1차 모델링기인 0~3세에는 한 인간으로서 살아가기 위한 생존을 배워 갑니다. 그래서 이 시기의 발달 과업은 잘 먹고 잘 자고 애착과 상호작용을 배워 가면서 생존에 필요한 능력을 획득해 나가는 것입니다.

2차 격변기는 10대 사춘기입니다. 생존에 적응한 한 인간이 고위 인지기능과 사회적 상호작용 기술들을 배우면서 인생의 방향을 설정하기 위해 분투하는 시기입니다. 그래서 자기 능력과 한계를 알기 위해 반항도 하고 새로운 시도도 하고 끊임없이 질문도 던지면서 세상으로 나아갈 자신을 시험해 보는 시간을 가집니다. 10대 전두엽의 가지치기를 통한 회로 재구성은 20대 초반까지 오랫동안 정교하게 이루어집니다.

그렇다면 0~3세와 10대 사춘기의 중간에 있는 4~7세의 뇌는 어떨까요? 이 시기에 부모는 내 아이의 어떤 발달에 주목하고, 어떠한 방향으로 자녀를 양육해야 할까요? 이 시기에 아이의 뇌는 ① 감정과 생각을 조절하는 자기조절능력을 터득하고, ② 정서 지능을 통해 배움의 동기를 마련합니다. 자기조절능력과 정서 지능이 안정되어야 ③ 뇌의 다른 부위에서 습득한 정보를 통합하여 방향을 설정하는 전두엽의 실행 기능을 제대로 발전시킬 토대를 마련합니다.

4~7세는 독립된 한 인간으로서 살아가는 데 반드시 필요한 ③번의 전두엽으로 발달하기 위해 ①번의 자기조절능력과 ②번의 정서 지능을 안정되게 발달시키는 시기입니다. 즉, 똑똑한 뇌를 만들기 위해 지반을 다지는 골든타임입니다. ①번과 ②번이 충분히 발달해야, 학습과 사회적 역량을 키우는 ③번도 충분히 발달하는 것입니다. 하지만 4~7세 자녀를 둔 부모가 가장 많이 저지르는 양육의 실수가 ①번과 ②번의 발달 과업을 간과하고 ③번의 발달에 일찍이 공을 쏟는 데서 나옵니다. 실행 기능의 발달은 만 7세 후반, 학령기 이후에 시작됩니다. 특히 학습 능력의 발달과 통합의 기능은 만 8세 후반부터 일어납니다. 초등학교의 교육과정이 1~2학년에는 공동체 적응과 사

회적 규율을 익히는 데 중점을 둔다면, 2학년 말이나 3학년 초부터 본격적인 학습이 시작되는 것과 맞물립니다.

그런데 아직 실행 기능이 싹트지 않은 4~7세, 특히 자기조절능력과 정서 지능의 발달이 충분히 이루어지지 않은 상태에서 실행 기능의 수행을 강요받는다면 어떠할까요? 이제 막 나눗셈을 배운 아이에게 미적분을 풀라고 요구하는 것과 같습니다. 조절 능력이 미숙해서 앉아 있는 훈련도 더딘데 어려운 과업이 주어져서 감정적으로도 수용하기 힘든 상태가 됩니다.

뇌 발달을 돕는 양육의 핵심은 각 발달 시기마다 뇌의 제 기능이 충분히 발현되도록 돕는 데 있습니다. 0~3세의 발달에서 부모는 자녀에게 '세상은 안전하고, 도전할 만한 곳'이라는 메시지를 전합니다. 이 메시지를 토대로 4~7세의 아이는 세상을 마음껏 탐구하면서 뇌를 발달시킵니다. 그래서 4~7세에게 '놀이'는 똑똑한 뇌를 만들기 위한 발달 과업과 같습니다. 많이 놀아야 뇌가 발달하는 시기인 것이죠. 놀이만큼 배움의 기초가 되어서 가장 오래 남고 신선하고 동기를 부여할 만한 것이 없습니다. 4~7세 자녀에게 줄 수 있는 가장 큰 공부 자극은 바로 놀이 자극을 통해 주어집니다. 다만 이때는 부모가 놀잇감과 놀이방법을 제시하는 것이 아니라, 아이 스스로 놀잇감과 놀이방법을 선택해서 나아가야 합니다. 이렇게 충분한 놀이 시간을 가짐으로써 아이의 뇌는 탐구에 대한 동기와 좌절을 극복하는 능력, 사회적 소통 기술을 토대로 학령기로 진입할 준비를 합니다.

에너지를 마음껏 발산하는 4~7세의 아이에게 조절 능력은 어떻게 획득될까요? 두 가지입니다. ① 발산하는 뇌가 자극되어 발달하는 만큼, 조절하는 뇌가 자극되어 발달합니다. 즉, 조절 능력을 키우고 싶다면 아이의 뇌가 충분히 자기 욕구대로 표현될 기회를 마련해주어야 합니다. ② 부모와 기관에서의 적절한 통제, 바운더리를 통해 조절 능력을 학습합니다. 이때의 통제와 바운더리는 규칙과 훈육의 방식을 통해 전달되는데, 이는 반드시 지켜야 할 것을 끊임없이 반복해서 알려주는 과정입니다. 특히 지적하거나 혼을 내는 방식보다 칭찬을 통한 행동 강화가 효과적입니다.

통제와 바운더리를 제시하고 가르치면서, 어떻게 아이의 정서 지능도 키울 수 있을까요? 두 가지입니다. ① 아이가 에너지를 충분히 발산할 환경을 마련함으로써 아이 내면의 욕구를 표현할 기회를 제공합니다. 그러면 욕구가 해소되면서 스스로 조절 능력을 키워 나갈 힘이 생깁니다. ② 아이의 안전을 위해 최소한의 제한은 두되, 아이가 표현하는 감정과 생각을 부모가 충분히 읽고 받아 주는 놀이 활동 과정을 지나야 합니다. 이 과정을 통해서 아이는 부모의 정서적 지지와 안전망을 끊임없이 확인해 나갑니다. 부모의 정서적 지지와 에너지 발산이 맞물리면서 아이는 부모와 사회와의 즐겁고 긍정적 관계 속에서 통제를 수용할 수 있는 정서 그릇을 키웁니다. 마음의 그릇이 커진 만큼 자기 내면의 부정적 감정을 어떻게 다루어야 할지도 배워 갑니다.

결국 우리 아이가 생애주기마다 해내야 할 과업을 잘 수행할 수 있는 기반은 '안정감'에서 나옵니다. 0~3세에 부모와 맺은 안정 애착을 통해 안전기지를 구축하고 세상으로 나아갈 수 있게 되고, 4~7세에 부모에게 충분히 인정을 받은 경험과 감정 표현을 통해 세상과 소통하고 배움과 학습이라는 다음 과제를 수행할 수 있는 능력을 터득합니다. 10대 사춘기에도 이전까지 부모와 쌓아 온 안정감으로, 튕겨 나가는 듯한 모습을 보이다가도 이내 다시 제자리를 찾습니다.

4~7세에 드러나는 아이의 욕구 표현의 모습은 저마다 다양합니다. 기질이 다르고 주어진 환경이 다르고 뇌 발달의 속도가 다르

기 때문입니다. 그래서 이 시기의 양육에 있어서는 크고 작은 '스킬'이 아니라 방향성을 잡고 가겠다는 부모의 용기가 필요합니다. 내 아이만의 반응과 표현을 잘 읽어 주는 부모가 내 아이의 뇌 그릇을 키울 수 있습니다. 아이의 반응을 받아 주고 발달을 자극해 나가는 과정은 부모에게 있어서 결코 쉽지 않습니다. 주변의 수많은 정보 중 내 아이에게 맞는 것만 잘 걸러내어 적용하기도 어려운 일입니다. 하지만 아이가 스스로 제 발달을 해내듯, 부모도 수많은 시행착오에도 불구하고 양육의 과정을 잘 해낼 것이라 믿습니다.

내 아이의 뇌 발달 과업을 이해하면, 큰 틀에서의 양육 방향성을 잡아가는 데 도움이 됩니다. 내 아이의 발달을 가장 잘 아는 사람이 부모입니다.

이 책을 집필하던 중 서울대어린이병원과 캐나다 브리티시컬럼비아대학UBC이 업무협약을 맺게 되어 캐나다를 방문하게 되었습니다. 그곳에서 저는 양육과 교육에 대한 사회적 인식과 틀이 얼마나 중요한지 새삼 깨닫게 되었습니다.

제가 방문한 UBC 산하 초등학교에서는 뇌 발달에 어려움을 겪고 있는 아이들과 일반 아이들이 함께 수업을 받는 통합교육이 이루어지고 있었습니다. 우리에게는 발달이 조금 더딘 아이가 있다면 좀 더 채근하고 푸시해서 '보통의 속도로 가는' 아이들과 비슷하게 맞춰야 한다고 생각하는 분위기가 강합니다. 하지만 그곳의 분위기는 조금 달랐습니다. '늦게 크는 아이도 그 아이만의 속도로 교육받을 권리가 있고, 각 아이에게 맞는 교육 환경을 제공해야 한다'는 사회적 합의 아래 학교 공간과 학습 환경이 조성되고, 전담 교사가 배치되고, 발달장애 아이 개인마다 그 아이의 이해 정도에 맞는(눈높이에 맞는) 다른 학습 커리큘럼이 제공되었습니다.

무엇보다 같은 반 또래 친구들의 반응이 놀라웠습니다. 조절 능력이 미숙한 친구가 수업 중 갑자기 소리를 지르거나 불편한 반응을 보이면 아이들은 '부정적인 반응'보다는 어디가 불편한지 궁금해하는 '관심'을 내보였습니다. 비장애인 아이들은 장애인 아이들을 경험하고, 교사의 대응 방법을 관찰하면서 나와 다른 친구들과 어떻게 함께 생활할 것인지를 학습해 나갔습니다. '나도 다음에는 어떻게 도와야겠다' '모르는 척해 주는 것이 필요할 때도 있구나' 등의 생산적인 생각을 공유하는 시간으로 삼기도 했습니다.

학업을 방해하는 것 아닐까 하는 의문이 들 수 있지만, 학교의 교육 방향성은 분명했습니다. 우리가 살아가는 세상에는 다양한 사람이 있고, 서로 존중하고 배려하면서 사회는 조율되며 발전해 갑니다. 아이들은 어려서부터 이것을 몸으로 체화하고 있는 것입니다. 어릴 적부터 공감과 배려에 기반한 이타적 태도를 배워 온 아이들이기에 학교폭력을 예방하고, 정서적 안정감도 향상시킬 수 있게 될 것입니다.

아이들은 저마다 다르게 자랍니다. 관심사가 다르고 문제에 접근하는 방식도 다르고 세상에 적응하는 모양도 다릅니다. 저마다의 기질과 강점과 삶에서 경험한 태도를 따라 서로 다른 모습으로 살아갑니다. 하지만 우리는 개개인의 성장과 강점보다 '빠르게 잘하는 것'을 중심으로 살아가다 보니 양육의 방향도 그렇게 치우친 것은 아닐까 돌아보게 됩니다. 내 아이에게 성장의 힘이 있고 내 아이만의 고유한 능력이 있음을 조금만 더 믿고 지켜봐 준다면, 위기라고 느껴지는 양육의 고비를 조금은 수월하게 지날 수 있지 않을까 싶습니다.

저는 소아·청소년의 뇌를 연구하면서, 빠른 아이가 아니었던 저를 저답게 키워 주신 부모님에게 감사하는 마음을 갖게 되었습니다. 또래 친구들과 다른 모양으로 노는 저를 믿어 주고, 있는 그대로 받아 주신 것이 성장하는 데 있어서 자양분이 되었다고 생각합니다. 제 부모님처럼 저도 제 자녀들을 잘 지켜봐 주고 있는지, 진료실을 들어오는 우리 아이들을 잘 알아봐 주고 있는지 스스로를 돌아보게 됩니다. 이 책을 접한 우리 부모님들과도 그 방향을 공유하고 싶었습니다.

자녀에 대한 불안이 커져 양육에 어려움을 느낀다면, 진료실 문 두드리기를 주저하지 마세요. 아이의 발달을 점검받고 양육 조언과 방향을 안내받으세요. 실제로 문제를 조기에 발견해서 일찍 도움을 받고 호전되는 경우도 많습니다. 반면에 잘못된 정보를 가진 부모가 아이의 고유성을 이상한 시그널로 오해해 아이의 마음을 아프게 하는 경우도 있습니다. 그러한 문제 역시 전문가의 조언을 통해 올바른 방향을 찾아나갈 수 있습니다.

서문에서 건넨 인사로 이 책을 마무리합니다. 아이들이 건강하게, 자기를 마음껏 표현했으면 좋겠습니다. 그리고 그런 아이를 안전하게 보호할 울타리가 되어 주는 우리 부모님들을 언제나 응원합니다.

김붕년

4~7세 조절하는 뇌 흔들리고 회복하는 뇌

1판 1쇄 2023년 6월 30일 발행
1판 6쇄 2024년 12월 20일 발행

지은이 · 김붕년
펴낸이 · 김정주
펴낸곳 · ㈜대성 Korea.com
본부장 · 김은경
기획편집 · 이향숙, 김현경
디자인 · 문 용
영업마케팅 · 조남웅
경영지원 · 공유정, 임유진

일러스트 · 김해선

등록 · 제300-2003-82호
주소 · 서울시 용산구 후암로 57길 57 (동자동) ㈜대성
대표전화 · (02) 6959-3140 | 팩스 · (02) 6959-3144
홈페이지 · www.daesungbook.com | 전자우편 · daesungbooks@korea.com

ISBN 979-11-90488-47-1 (03590)
이 책의 가격은 뒤표지에 있습니다.

Korea.com은 ㈜대성에서 펴내는 종합출판브랜드입니다.
잘못 만들어진 책은 구입하신 곳에서 바꾸어 드립니다.